中等职业教育染整技术专业规划教材

染整打样

潘荫缝　主　编
刘仁礼　副主编

化学工业出版社

·北京·

本书根据中职学生在打样岗位的工作任务特点以及教学内容要求，主要介绍了基于人工测配色操作技术的染整打样的工作任务所需的知识和技能。内容包括化验室安全常识、染整打样常用仪器设备、染整打样操作基础、色彩基础、仿色方法、配色打样操作、常用染料染色打样工艺与操作、印花打样工艺与操作、染色打样综合实训、中级染色小样工考证、计算机测配色操作基础。附录为染色小样工技能考核的理论和实操的模拟试题。

本书具有较强的实用性和可操作性，可作为中职、高职染整技术专业实训的教材，也可作为印染行业相关技术人员的培训教材及参考用书。

图书在版编目（CIP）数据

染整打样/潘荫缝主编．—北京：化学工业出版社，
2012.8（2025.8重印）
中等职业教育染整技术专业规划教材
ISBN 978-7-122-14845-2

Ⅰ．①染…　Ⅱ．①潘…　Ⅲ．①染整-打样-中等专业学校-教材　Ⅳ．①TS19

中国版本图书馆 CIP 数据核字（2012）第 158878 号

责任编辑：旷英姿　　　　　　　　　文字编辑：林　媛
责任校对：蒋　宇　　　　　　　　　装帧设计：王晓宇

出版发行：化学工业出版社（北京市东城区青年湖南街 13 号　邮政编码 100011）
印　　装：北京天宇星印刷厂
787mm×1092mm　1/16　印张 8½　字数 208 千字　2025 年 8 月北京第 1 版第 4 次印刷

购书咨询：010-64518888　　　　　　　　售后服务：010-64518899
网　　址：http://www.cip.com.cn
凡购买本书，如有缺损质量问题，本社销售中心负责调换。

定　　价：**22.00 元**

前　言

　　配色打样是染整生产过程中的重要环节。打样水平高低是衡量印染企业技术水平高低的重要标志，它不仅关系到印染产品的质量，同时也会影响着印染企业的交货期，从而影响到企业的订单。因此，配色与打样历来被视为印染企业的核心技术之一。随着计算机技术的不断发展，配色技术已由传统的人工测色配色发展到计算机自动测配色技术，电脑测配色技术由于有着快速高效的优势使其应用日趋广泛，但是很多印染企业一般都不会完全依赖测色设备，而是与人工测、配色相结合，传统配色技术仍然是印染厂目前最广泛应用的方法。配色打样作为染整专业的核心技能一直是职业院校染整专业实践教学的重要内容，掌握好配色与打样技术，是职业院校染整专业学生的一项重要任务。

　　染整打样包括染色打样和印花调配色打样。染整打样的工作内容，主要是对来样颜色进行分析判断，制订适宜的打样工艺，染（印）出与来样相同的颜色，而且各项牢度指标达到客户的要求。本书根据中职学生在打样岗位的工作任务特点以及教学内容要求，系统介绍了基于人工测配色操作技术的染整打样的工作任务所需的知识和技能，如化验室安全常识、打样常用仪器设备、打样操作基础、色彩基础、仿色方法、配色打样操作、常用染料染色打样工艺与操作、印花打样工艺与操作、染色打样综合实训、中级染色小样工考证等内容，同时还简单介绍了计算机测配色操作基础。在知识和技能要求的编排上，针对中职染整专业学生已有的专业知识和技能基础以及认知特点，重点放在打样所需的色彩知识、颜色的分解和合成、织物颜色形成的特点以及颜色调节操作技能的训练上，从认识颜色、颜色的应用、打样分阶学习和训练到打样技能鉴定综合实训，循序渐进，符合中职学生的学习规律，便于学习和掌握。

　　本书根据职业教育教学改革精神和中职学生的认知特点，按照课程设计的内容及职业技能考证的要求，采用任务引领、实践导向课程的设计思想，并以此为主线设置教材的组织结构和内容要求，更适合理论和实践一体化教学。本书既适用于纺织职业院校的染整技术专业学习之用，也可供印染企业相关技术人员、化验室打样人员参考。

　　本书由潘荫缝主编，刘仁礼副主编，具体编写分工如下：第一章至第六章、第八章至第十章由潘荫缝编写，第七章由李忠良编写，第十一章由梁梅编写，第十二章及技能考核模拟题由刘仁礼编写。全书由潘荫缝统稿修订，刘仁礼审核补充。

　　本书在编写过程中，得到了广西纺织工业学校的蒙肖锋、姚洁、甘敏等同志的大力支持，在此一并致谢！

　　由于编者水平有限，难免有不完善及疏漏之处，殷切希望读者批评指正。

编　者

2012 年 5 月

目　录

第一章　染整打样的工作内容

🔷 知识与技能目标

了解染整打样的内涵、工作内容和意义；

了解染整打样对岗位素质的要求；

了解打样工作需要掌握的知识和技能。

染整是以打样为核心技能的专业。打样也称为打小样或仿样，是在正式大货生产前，通过小样试验确定生产工艺，也叫先锋试验。广义的染整打样包括无色打样和有色打样两大部分。由于无色染整（指前处理和后整理）小样工艺与大货生产工艺间的修正调整相对简单，一般染整打样主要是针对有色染整（也即染色印花）来进行。有色打样包括染色和印花的仿色或配色，即对给定颜色的仿拼。染色或印花生产主要根据来样或指定颜色进行，通过小样试验初步确定生产的处方和工艺，后经放大修正达到要求再安排大货生产，所以仿色打样就成为了染色印花生产的重要前提。仿色打样主要包括测色和配色两大环节，一般分为传统的人工测色配色和电脑自动测色配色。传统的测色配色就是利用人眼在一定的条件下对颜色进行比较、拼混的过程，这仍然是印染厂目前最广泛应用的方法，是染整打样的重要技能。虽然电脑测色配色应用日趋广泛，但很多印染厂一般都不会完全依赖测色仪器，而是与人工测、配色相结合。

第一节　概　述

仿色打样即仿样配色，是工厂根据客户来样进行合理的配色打样，使试样颜色符合来样要求的一种手段。一般将客户产品来样作为标准参照物（即标样），通过配色实验，仿出与标样的色调、鲜艳度、明度及色牢度等各方面相一致的试样。

仿色方法是印染行业的一项很重要的基本技能，科学正确的仿色方法可以大大提高生产效率，减少资源浪费。

仿色打样除需要掌握染色理论和熟悉生产工艺外，还要懂得色彩理论和混色规律。能够熟练辨析布样的颜色属性信息，掌握色样间色差的定性和定量描述，掌握调整试样颜色向标样颜色趋同的调色技巧。

第二节　染整打样的主要工作内容

一、染整生产的特点

印染产品大多是带有颜色的，不但品种较多批量较大，而且要求织物颜色要与来样相符，并有良好的重现性。但是，印染产品从坯布到成品要经过多道生产工序，哪怕染色工序，从接单到产品，也要经过多个环节。同时生产过程中还伴随着化学、物理、机械、环境、人为等因素的变化，任何一个环节出现问题，都会影响到最终产品的质量。因此保障产品颜色的准确性和重现性是染色的重要任务。由于染整企业所生产的面料主要面向流行性和时效性都要求较高的服装企业，所以染整生产必须要做到准确快速。

因此，为了保证试样和大货生产颜色的准确性和重现性，要求从小样仿色到车间放样，直至大货生产，应尽量保持工艺条件和操作条件一致。对于未能一致的因素要有校对修正的措施，确保快速准确地进行生产。

二、染整打样的主要工作内容

仿色打样实际上就是大生产在小范围内的生产模式的设置，是企业实际生产的先锋实验，是理论指导实践的探索。

图1-1 染整化验室打样工作照

染整打样的主要工作内容，主要是对来样颜色进行分析研究，寻找出适宜的生产工艺，染出与来样相同的颜色和牢度。一般地，打样者先要根据给定的颜色进行仿色处理，达到要求后，再进行放样工作。然后根据放样结果再确定大货生产工艺。图1-1为染整化验室打样工作照。

打样过程一般是根据加工对象选择适宜的染料和助剂以及生产方式，制定合适的染色或印花工艺，确定准确的染色配方。具体的工作主要有：审定来样，初步确定织物材质规格、所用染料，染料确定后助剂随即确定；再根据企业的加工设备情况及来样的可能加工方式来确定生产方式；然后通过读色判断染料总浓度（即染色浓度）以及三原色染料配比，初步拟订染色配方和工艺；通过打样验证和调整以进一步确定准确的染色配方；再到车间放样，视放样情况通过调整后得到大货生产工艺。整个打样的核心工作就是仿色。打样是手段，目的是为了得到合理的正式生产工艺，打样作为印染厂重要的基础性工作，直接关系到大生产的综合效果和企业的经济效益。

三、打样岗位对素质的要求

作为仿色打样人员要视觉正常，具备准确敏锐的辨色能力和一定的配色理论知识；了解各种染化料和织物的应用性能，对各类染料三原色混色效果要有足够的认识；懂得常用染料染色或印花的工艺特点，掌握化验室常用打样设备的使用方法，以及打样操作的基本要领，具备较丰富的实际操作经验。

打样员还要有实事求是的科学态度，精益求精的工作作风，认真负责的工作精神，要胆大心细，不能粗心大意，工作作风严谨，并且在仿色工作中能不断积累经验和知识。

第三节 染整打样的重要性

染整打样主要是在染整化验室中进行。染整化验室主要是提供准确、快捷的小样板，作为与客户沟通及染部生产的颜色标准，为接单做准备，并为染部的大货生产提供工艺。它往往是与客户沟通的重要窗口：一方面它的水平和效率影响到染整企业的生产效率乃至生产成本，另一方面，在契约经济和快速经济背景下，它往往是成单和完成合同的重要保证。

染整打样是确定着色工艺的重要手段。小样处方选料合理性和符样准确性为大生产提供可靠的保证。提高打样的准确性和稳定性，适应客户要求，显得十分重要。样板的质量高低不但反映了企业的技术能力，而且样板符样情况还会直接影响着生产的交货期，既关系着企业的经济效益，也影响着企业的声誉，是保证生产业务正常运行的基础。打样不但要满足客户的不同需要，而且要求又准又快，要确保样板的成功率，减少返打次数。

→ 想一想

1. 根据染整打样岗位对素质的要求，说说你现在具备了哪些素质？

2. 你了解或熟悉哪些染色和印花的生产工艺？

3. 根据你对染整打样的理解，结合你已掌握的染色知识，谈谈如何才能把小样的颜色仿拼成与来样一致的颜色？

第二章 化验室安全常识

了解仿色打样应知的安全知识；

了解染整打样中可能存在的安全隐患；

掌握必要的安全防范措施和应对方案。

染整化验室是染整企业的重要生产部门。由于染整化验室要使用到电、热（电热、蒸汽、高温液体）、压（有压容器、带轧辊设备）、玻璃仪器、化学用剂等，所以务必要做到安全生产，保障人身安全、设备安全，使生产顺利进行。同时，安全生产是按质按量按时完成生产任务的重要保证。

安全生产意识是打样人员必备的重要素质。安全生产要防患于未然，要求每位打样人员，必须严格遵守化验室的规章制度，特别是安全制度，了解实验室可能存在的安全隐患，掌握必要的防范措施和事故处理常识。

第一节 染整化验室规章制度和安全知识

一、染整化验室基本规章制度

化验室是重要的生产部门。为了保障生产顺利进行，确保生产安全、优质、高效地进行，需要制订染整化验室基本规章制度，具体如下。

（1）化验室是重要生产部门，无关人员未经许可不得进入化验室。

（2）染整化验室一般要使用到电、热、有压设备以及玻璃仪器和化学药品等，工作人员一定要注意安全生产，以保障人身安全、设备安全，使生产顺利进行。

（3）要严格遵守设备安全操作规程，了解所用仪器、设备、物品可能存在的安全隐患点，掌握预防措施以及事故处理常识。

（4）配制染化料时，必须按照相应的操作程序进行规范操作，杜绝违规产生的意外事故；如用烧杯稀释浓硫酸时，必须先加水，然后再缓慢加入浓硫酸。否则会使硫酸溅出，造成危险。

（5）使用的布样要标签清楚、存放在规定的地方，对客户来样要做好登记，对每次打样的结果要整理存档。

（6）染化料都必须用规定的器具盛放，并注明品名、浓度、规格、型号、启用日期，且应摆设在固定的地方，不准丢失、误用或挪作他用等，以确保安全。

（7）物品摆放实行定位管理，物品使用完毕放归原处。

（8）电子天平是重要仪器，每位打样员都必须自觉保持天平清洁准确，使用前要进行校正。

（9）打样所用工具要登记标号，注明使用人，损坏者酌情赔偿。

（10）注意化验室的卫生清洁，对工作处散落的染化料要及时清洁，台面、设备保持清洁干净，地板不得有积水；要及时清理玻璃仪器、水池等。每次换染料前都应仔细清洗料瓶。吸管每天必须清洗。

二、化验室的安全隐患和防范措施

化验室的安全隐患主要是指对人身安全和设备安全构成影响的因素。每个打样工作人员都必须了解化验室安全隐患和防范措施，防患于未然。染整化验室常用的设备工具主要是各类与打样相关的小样设备、仪器，物品主要有染化料和纺织品。各种仪器设备物品使用可能存在的安全隐患和防范措施如下。

1. 用电设备

（1）安全隐患　设备接地不良、线头裸露、绝缘不良可能导致设备带电甚至触电；接线接触不良、电路保护不良而导致产生电热或设备运转异常、短路跳闸、保险丝烧坏、缺相烧电机、电火花起火等。

（2）防范措施

① 电气设备要可靠接地，绝缘良好，接地端子标志如图 2-1 所示。对于新设备使用前要先进行全面检查，在用设备要定期检查，防止因运输中的振动或接线端子热胀冷缩造成的接触不良，消除安全隐患。

② 设备在启动前，应检查电源开关、电动机等是否完好，以确保设备正常运转；停用时，确保电源彻底关闭。

图 2-1　设备接地标志

③ 当电源保险丝烧断或空气开关跳闸时，必须先查明原因，排除故障后再按原负荷更换合适的保险丝或再上电闸。

④ 如要擦拭设备，必须确保设备电源已全部切断。严禁设备带电时湿手操作，严禁用导电金属器具、湿布清理电源开关。

⑤ 化验室内不能有裸露线头，以防产生电火花或不小心触及。

⑥ 设备在停电复用时，要做好防范，以免仪表器具被损坏。

2. 高温高压设备

化验室使用的有压设备主要是高温、高压染色设备，如升降式染样机、小型喷射溢流染色机以及蒸汽管路等。

（1）安全隐患　超压爆炸、排蒸汽烫伤、锅体高温烫伤。

（2）防范措施

① 严格按照设备的安全操作规程操作；

② 确保设备的安全防护装置工作正常，如安全阀、压力表和温控表控制动作正常和指示准确；

③ 设备在工作状态时操作人员不得离开设备，随时关注设备运行情况。

3. 带轧辊设备

带轧辊设备主要是带轧车单元的设备，如立式或卧式轧车等。

（1）安全隐患　被轧伤。

（2）防范措施

① 严格按照设备的安全操作规程操作；

② 送布收布要注意手指与轧辊虎口的距离。

4. 玻璃仪器

玻璃仪器主要有烧杯、量筒、移液管、温度计等。

（1）安全隐患　打碎、割伤，水银温度计摔碎可能会引起汞中毒。

（2）防范措施　要轻拿轻放，水银温度计摔碎时要及时撒上硫黄粉，防止汞蒸发被人吸入引起中毒。

5. 化学药品

染整化验室使用的化学试剂主要是染料和助剂，虽然没有剧毒易爆易燃品，但有些也有较强的腐蚀性，也要注意使用安全。

（1）安全隐患　污染、腐蚀、中毒、燃烧。

（2）防范措施

① 所有化学用品必须用密封容器保存。容器外均须有明显标记。

② 使用有腐蚀性助剂时必须佩戴好必要的个人防护用品（如胶手套、白大褂等）。

③ 药品使用后必须放回指定存放处。

④ 若皮肤不慎沾到腐蚀性试剂时，应立即用大量清水清洗以减轻伤害程度。

6. 纺织品

（1）安全隐患　着火燃烧、被污染。

（2）防范措施

① 打样用布、布样要存放在指定地方，远离高温和火种。

② 取放布样时必须保持双手干净。

第二节　化验室安全管理

一、化验室安全守则

（1）化验室由责任人员负责安全工作，要定期对实验室的安全进行检查，发现问题时要及时处理或及时汇报，以消除事故隐患。

（2）化验室必须配备消防器材、必要的创伤治疗药品物品以及常用的防护用具，打样人员要熟知这些物品放置的位置和使用方法，要定期检查确保能正常使用。

（3）打样工作人员要熟悉所用设备的操作规程，了解工作中有可能遇到的安全问题，掌握预防和处理事故的方法。如发现机器有异常情况时，应立即停机并向主管反映。

（4）打样工作人员必须熟知化验室内各蒸汽阀门、电闸开关、水阀的位置，如遇紧急情况要及时关闭。

（5）非化验室工作人员未经允许不得随意进入实验室；未经管理人员许可，任何人不得随意操作化验室内的仪器设备。

（6）离开化验室前要清理器材，并检查仪器设备、电源开关、各蒸汽阀门、水龙头、窗是否关好，记得拉下总电源开关，关好水源总闸，最后锁好门。

二、试剂药品安全管理

染整化验室使用的试剂主要是染料和常用的印染助剂，大多数属于非危险性试剂，但有些助剂还是有一定的毒性和腐蚀性，所以要强调安全管理。在存放期间和使用过程中，总的管理原则是，防止药品泄漏散落、防止用错混淆、防止丢失。

（1）所有化学用品必须用密封容器保存。在保存时，容器外均须有明显标记。字迹不清的标签要及时更换，不得未更换标签即用空药剂瓶盛装其他药品，过期失效、不明药品不准使用，并进行妥善处理。

（2）染化料存放要尽量避光、避热，助剂使用后必须放回指定存放处。

（3）试剂使用后要注意密封。

（4）要了解所用染化料的燃烧性等有害性质。

（5）新品种的染化料应向供应商索取理化资料，特殊性质的染化料应制定相应的防护措施。

（6）使用有腐蚀性助剂时必须佩戴好必要的个人防护用品（如胶手套、白大褂等）。

（7）若皮肤不慎沾到有腐蚀性试剂时，应立即用大量清水清洗以减轻伤害程度。

第三节　事故急救和处理常识

一、火灾

纺织品是易燃物品，染整化验室是重要的防火部门，必须配备灭火器材。灭火器有多种，染整化验室常配备的灭火器类型及其使用方法见表 2-1。如图 2-2 所示为干粉灭火器。如果意外起火时要保持镇定，根据着火情况妥善处理。首先要切断电源或关闭煤气，然后根据火情选择合适灭火器材，如有必要联系消防部门。

表 2-1　染整化验室常配备的灭火器适用情况

灭火器类型	药液成分	适用火灾类型	使用方法	保养与检查
干粉灭火	小苏打粉、润滑剂、防潮剂	油类、可燃气体、电器	提起圆环，干粉即可喷出药液	置于干燥通风处，防潮防晒。一年检查一次气压，当质量减少 1/10 时应充气
泡沫式	小苏打、发泡剂和硫酸铝溶液	非水溶性可燃液体、油类和一般固体火灾	倒过来稍加摇动或打开开关，药剂即可喷出	放置方便处，注意使用期限防喷嘴堵塞，定期检查测量

二、触电

化验室常见的触电事故，一般是由于设备接地不良或绝缘不良，人不小心碰到带电器件而引起。触电事故的危害取决于通过人体的电流大小，电流越大，危害越大。一般规定，人体接触的安全电压不得超过 36V。

如遇触电事故，首先要用绝缘物使触电者脱离电源，同时快速切断电源，然后将触电者转移至空气新鲜处，如伤势不重短时间内就可恢复知觉。若停止呼吸，应立即进行人工呼吸，并请求急救援助。

图 2-2　干粉
灭火器

三、割伤

割伤是化验室常见的外伤，多是由破损玻璃器皿、尖锐金属或金属毛边等不慎划伤引起，操作时一定要小心。出现割伤时，伤口内若有玻璃碎片或污物，应立即清除干净，然后用医用酒精或 3.5% 碘酒给伤口及四周消毒，然后用创伤贴外敷。如出现出血现象，要进行压迫止血，比较严重的伤口，处理后要去就医。

四、烫伤或烧伤

染整化验室常用不同热源加热，较易出现烫伤或烧伤情况。小块面烫伤且皮肤不破者切勿用水冲洗，应在伤口处涂上苦味酸溶液或烫伤膏。而烧伤要先看伤势，大面积烧伤时，要口服大量温热盐开水以防休克；烧伤面积大于体表 1/3 时，立即送往医院治疗。

→ 想一想

1. 安全生产要防患于未然，你对这句话如何理解和体会？
2. 怎样才能做到安全生产？

第三章　染整打样常用仪器设备

了解染整打样常用的设备种类、工艺适用性、性能特点；

了解各种打样设备的基本结构、运转（动作）过程、设备使用的操作规程；

掌握打样常用设备的操作、有关工艺参数的设定方法和编程方法；

掌握打样常用仪器的使用清洁和保管方法。

染整化验室打样常用仪器设备可分为染色打样和印花调色使用两大部分。根据其使用功能又可以分为容器类、计量类和工艺类仪器设备，其中容器类、计量类仪器多为玻璃或金属制品，包括烧杯、三角烧瓶（染色用）、容量瓶、移液管、量筒、温度计和搪瓷口盅、不锈钢杯等。工艺类设备主要有各种染样设备、小型印花设备和固色设备，其中多数仪器设备可以由染色打样和印花调色共用。作为染整打样主要使用的设备和工具，打样者必须了解所用仪器设备的工艺适用性、性能特点、基本结构、运转（动作）过程、设备的操作规程等，掌握仪器设备的正确使用方法或操作方法、工艺参数的设定和编程方法等。

第一节　玻璃仪器

一、移液管和容量瓶的使用

1. 移液管

移液管（如图 3-1 所示）是化验室中经常用来吸取染料母液或助剂溶液的计量器具。在使用时，要规范操作，以确保所移取的溶液体积准确。

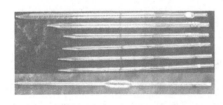

图 3-1　常用移液管

（1）移液管的选用　移液管分为胖肚式和直管式。管上有"吹"字则为吹出式，即需要将管尖溶液吹出；无"吹"字的或标注"快"字的不需要将管尖的溶液吹出。使用前要看清移液管的使用要求。

为了减小溶液移取时的体积误差，在使用前，需根据移取溶液的体积选择合适规格的移液管。在移液管上端有一色块，色块上方数字即为移液管的规格，色块下面的数字为移液管的精度。一般选取移液管规格等于需移取溶液的体积。选取的移液管的规格要大于或等于移取溶液的体积，而不宜用小于移取溶液体积的移液管分次移取；大于溶液的体积时，要选取相近规格的移液管。

对于不同吸料量要选用正确的移液管（吸管），一般规定：

| 0.93mL 以下 | 选用 1mL 吸管 |
| 0.93~1.8mL | 选用 2mL 吸管 |

1.8～4.6mL	选用 5mL 吸管
4.6～9.3mL	选用 10mL 吸管
9.3mL 以上	选用 15mL 吸管

（2）吸料的正确姿势和注意事项

① 吸料时，身体站直，左右手分执洗耳球与吸管，吸管与水平面垂直并紧靠瓶口（打样瓶或料瓶）内壁。吸取溶液前，将溶液摇匀。吸取溶液时，把管尖插入液面以下 1～2cm 中，左手拿洗耳球先把球内空气压出，然后把洗耳球尖端接在管口，慢慢松开左手指，使溶液吸入管内（如图 3-2 所示）。当液面升高至目标刻度以上约 1cm 时，迅速把管尖轻压到瓶底（以免溶液回流过快），并移去洗耳球，立即用右手的食指按住管口（以免溶液回流低于刻度而重新吸液），将移液管向上提，使其离开液面，并将管的下部沿料瓶内壁转两圈，以除去管外壁上的溶液，必要时用滤纸擦净管外壁液体。这样吸管壁上残留染料最少，才能保证吸料精确性。然后右手的大拇指和中指缓慢转动，使食指稍稍松动，让管中多余溶液缓缓流下，当移液管溶液的弯月面与目标刻度标线相切时，立即用食指压紧管口。

② 放料时一般要从"0"刻度线开始放，吸管嘴不能插入液面下。左手改拿接收器。将料瓶或打样瓶倾斜，使内壁紧贴管尖成 45°倾斜，移开右手食指，让管中溶液自由流入，并停留规定时间，转动一圈后取出，如图 3-3 所示。如不是满刻度移取溶液（如用 10mL 吸管移取 6.5mL 溶液），食指稍稍松动，使溶液自由地沿壁流下，放至流出的液体体积为所需液体体积时，迅速用右手食指压紧管口，离开接受容器，将剩余溶液放回料瓶中。

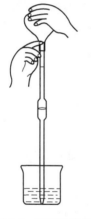 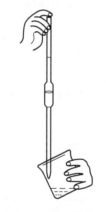

图 3-2　吸液示意图　　　　　　　图 3-3　放液示意图

在染整打样中，常常用两种以上的染料拼色，一个染杯中通常要移取两种及两种以上的染料溶液，在移取第二只染料时，若不小心放入过量溶液，则需要重新配制染液，给打样带来很多不便。为此，在打样配液时，一般采用剩余溶液体积移取法，即首先调节吸管液面至管内剩余溶液体积等于需移取溶液的体积，再将吸管内溶液全部放入到染杯中。

③ 吸料过程中始终保持视线同吸管内液面在同一水平线上（以染液分界面的细线为准）。吸料有气泡时需放下后重吸。吸料后小心轻放刻度管，以免刻度管尖端被破损，造成吸料不准。

④ 吸管在第一次吸料时，要用染液润洗吸管，以防吸管内的残留水混入染液中而影响打板准确性。

⑤ 专管专用，切不可不同染料、不同颜色、不同浓度的溶液共用一支吸管。

2. 容量瓶

在染整化验室里，容量瓶是经常被用来配制染料母液的，以确保染料母液浓度的准确性。使用容量瓶配制溶液的方法如下。

（1）检漏　容量瓶在使用前要检查瓶塞处是否漏水。操作方法：在容量瓶内注入半瓶水，塞紧瓶塞，用右手食指顶住瓶塞，另一只手五指托住容量瓶底，将其倒立，观察容量瓶有否漏水。若不漏水，再将瓶正立且将瓶塞旋转180°后，再次倒立，检查是否漏水，如图3-4所示。若两次操作，容量瓶瓶塞周围均无水漏出，即表明容量瓶不漏水。经检查不漏水的容量瓶才能使用。

（2）称量与化料　取干净无水的烧杯，放在电子天平上，清零除皮，然后少量多次加料至需要量。用适量水溶解（根据需要可以采用不同的化料温度）后，用玻璃棒将烧杯中的溶液引流到容量瓶内。首先将玻璃棒一端斜靠搭在容量瓶颈内壁上，注意不要让玻璃棒接触容量瓶口，以防液体流到容量瓶外壁，再把烧杯尖口处紧贴玻璃棒，缓缓将溶液转移到容量瓶里，如图3-5所示。为保证溶质充分转移到容量瓶中，要用水少量多次冲洗烧杯，每次洗液均同法转移到容量瓶里。对于易溶的溶质，一般洗涤3次即可，对于溶解不充分的则可不拘于洗涤次数，以洗净烧杯为止。

（3）定容　往容量瓶内加水至液面离刻度线1cm左右后，改用滴管小心滴加，最后使液体的弯月面与标线正好相切。如加水超过标线，则需重新配制。

（4）摇匀　将瓶塞盖紧，把瓶体不断倒转、摇动以使瓶内的液体混合均匀，如图3-6所示。静置后如果发现液面略低于刻度线，不要往瓶内添水，这是因为容量瓶内极少量溶液在瓶颈处润湿所损耗，所以并不影响所配制溶液的浓度，否则，将使所配制的溶液浓度降低。

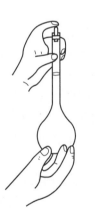

图3-4　容量瓶检漏　　　图3-5　溶液转移示意图　　　　图3-6　摇匀示意图

（5）使用容量瓶时应注意事项

① 容量瓶的容积是特定的，所以一种型号的容量瓶只能配制规定体积的溶液。在配制溶液前，先要明确需配制溶液的体积，然后再选用相同规格的容量瓶。

② 不得在容量瓶直接溶解染料，应将染料在烧杯中溶解后转移到容量瓶里。

③ 整个配液操作所用的水的总量不能超过容量瓶的规定容积。

④ 容量瓶不能进行加热。如果溶质在溶解过程中放热，要用烧杯溶解并待溶液冷却后再进行转移，因为一般的容量瓶是在20℃的温度下标定的，若将温度较高或过低的溶液注入容量瓶，容量瓶则会热胀冷缩，所量体积就会不准确，导致所配制的溶液浓度不准确。

⑤ 容量瓶只能用于配制溶液，不能储存溶液，因为染料溶液在容量瓶内壁附着，导致

清洗困难。

⑥ 容量瓶用毕应及时洗涤干净,为防止瓶塞与瓶口粘连,在塞子与瓶口之间夹一纸条,塞上瓶塞。

⑦ 定容时,不要用手掌握着瓶肚,以免瓶内溶液受热而造成定容体积及浓度的误差。

二、玻璃仪器的洗涤、干燥和存放

1. 洗涤剂及使用范围

染整化验室玻璃仪器沾污情况主要是染料或色浆,根据玻璃仪器的沾污程度不同,常用的洗涤剂有洗洁精、稀硫酸、纯碱液等。用于可以直接用刷子刷洗的仪器,如烧杯、锥形瓶、试剂瓶等。

如移液管、吸管、容量瓶等特殊形状的仪器不便用刷子洗刷,可以放在洗洁精、稀硫酸、纯碱液等溶液中浸泡一定时间后再用自来水冲洗。如果污垢不易洗净,可以采用洗液来洗涤。用洗液洗涤仪器,是利用洗液本身对污物的化学作用,将污物去除。因此需要浸泡一定的时间,让洗液与污垢充分反应。

洗液是根据不同的洗涤要求而配制的具有不同洗涤作用的溶液。染整化验室常用洗液的制备及使用如下。

(1) 碱性洗液　碱性洗液用于洗涤有油性污物的仪器。洗涤时采用长时间(24h 以上)浸泡法或浸煮法。但要戴乳胶手套进行清洗操作,不可直接用手从碱性洗液中捞取仪器,以免烧伤皮肤。

常用的碱性洗液有:碳酸钠洗液、碳酸氢钠洗液、磷酸三钠洗液等,可根据需要配制成不同浓度。

(2) 草酸洗液　将 20g 草酸及约 30mL 冰醋酸溶于 1000mL 水中(或可根据洗涤用途用少量浓盐酸代替冰醋酸)。草酸溶液既呈酸性又有还原作用及络合作用,可以洗涤织物上的锈斑,也可用于洗除玻璃仪器的水垢及附着的染料颜色。

2. 洗涤玻璃仪器的步骤与要求

根据玻璃仪器的用途不同,对仪器的清洁程度要求不同,可以选用不同的洗涤方法。

(1) 用水刷洗　首先用水冲去仪器上带有的可溶性物质,再用毛刷蘸水刷洗以刷去仪器表面黏附的灰尘。

(2) 用合成洗涤剂刷洗　用市售洗洁精(以非离子表面活性剂为主要成分的中性洗液)配制成 1%～2% 的水溶液,或用洗衣粉配制成 5% 的水溶液,刷洗仪器。必要时可将洗液加热以提高洗涤效力,或经短时间浸泡后洗涤。

(3) 用去污粉刷洗　将刷子蘸上少量去污粉,将仪器内外全刷一遍,后用自来水冲洗,至肉眼看不见去污粉时,再冲洗 1～2 次即可。

对于染整打样用的玻璃仪器,如染杯、烧杯等,原则是只要能够保证仪器内壁附着物不影响染色色光、牢度及得色量即可。平时用洗洁精洗涮即可满足清洁要求,当有有色污垢附着时,可用草酸洗液或少量洁厕剂洗涤。

3. 玻璃仪器的干燥

一般染色用的烧杯、锥形瓶及染杯等仪器洁净即可使用。需要干燥时可采取晾干或烘干。

(1) 晾干　将洗净的仪器在无尘处倒置控去水分,让其自然干燥。可用安有支架可倒挂仪器的架子或带有透气孔的玻璃柜放置仪器。

（2）烘干　将洗净的玻璃器皿滴去水分，放在烘箱内烘干，烘箱温度为 105～110℃，烘 1h 左右即可。量器不可置于烘箱中烘燥。

第二节　染整打样设备

染整打样设备分为染样设备和小型印花设备两类。染样设备包括浸染式染样设备和轧染式染样设备。打样设备的选用，必须遵守近似原则，即设备的工艺形式要与车间生产设备的近似。对于印花调色，由于主要是手工印制方式，与生产设备印制方式差别较大（主要是刮印的压力和给浆量不同）。染样设备种类较多，生产厂家不同，各个企业所购置的设备型号不会完全相同，加上染整设备机电一体化发展很快，哪怕同类设备，不同厂家生产的，其性能、操作控制和使用效果也不尽相同，打样人员在使用操作打样设备前必须仔细阅读操作使用说明书。因此，本节对提及的设备类型仅作特例描述。打样员除了掌握设备的操作规程和注意事项外，还要对以下几点做到心中有数：设备的相关工艺参数的设定方法，温度、压力等主要工艺参数的测定和显示的准确性，设备运转过程与工艺操作过程的对应性，染色过程中加料的方便性，试样得色的匀透性，深浅度等效果如何。

一、水浴式染样机

（一）常温智能式电热恒温水浴锅

染整打样常用的水浴锅有 2 孔、4 孔、6 孔和 8 孔，分单列式和双列式。工作温度从室温至 100℃，恒温波动 ±（1～5）℃。常用的数显温控水浴锅，其控制面板上设有数显温度仪，有一个拨动开关，用于设定温度或显示当前实际温度。一个温控器，用于设定控制温度的大小。图 3-7 为 HW. SY2-P4 数显智能双列式水浴锅。

1. 常温智能式电热恒温水浴锅的操作规程

操作程序：锅内加足水量→插上电源插头→开机→温度设定与测试→染色→关机并拔出电源插头→排水→清洁

（1）检查水浴锅排水龙头是否已经关闭。

（2）掀开锅盖并放好，然后加清水入锅内，液面与隔板之间距约 3～5cm 为宜，将盖板覆盖完整。

（3）插上电源插头、水浴锅指示灯亮，显示屏亮。

图 3-7　数显智能水浴锅
1—电源开关；2—温控器；3—水浴位孔盖板

（4）把温度选择开关拨向设置端，然后根据实验工艺温度要求，将温度调节旋钮向右转动，观察显示屏数显值为设定温度时即停止旋钮。

（5）将选择开关拨向测温一侧，此时水浴锅加热指示灯亮，加热器开始工作，并随时显示加热时水浴的温度。水浴锅将自动恒定设置温度。

（6）在水浴锅升温加热过程中，打样者依据工艺内容做好如下准备工作：

① 染杯；

② 染浴：清水、染液、助剂；

③ 布样选择、剪取、称重、润湿；

④ 染料选择、称取、溶解、吸取；

⑤ 助剂选择、称取、溶解。

（7）准备工作就绪，可以将染杯放入水浴锅孔内（注意染杯要放好，避免浮力的影响），必要时加盖。

（8）当水温达到设定温度时，恒温指示灯亮，加热指示灯熄灭，此时可用玻璃棒轻搅动水浴的水面，使上下四周温度均衡一致（若有温差时，加热恒温将会自动转换至温度均匀，多次交换，直至稳定）。

（9）当染浴温度（即染杯中的染液温度）达到工艺要求时，可以投入布样进行染色（用玻璃棒将布样投入，初染时，并不时翻动约1min，然后间隔2～3min翻动布样），根据实验工艺要求，注意助剂投放的时间及温度，以免影响实验效果。

（10）染色完成，取出染样，然后用清水洗涤试样，再根据染色工艺对试样进行后处理。

（11）拔掉电源插头，排净水浴锅内余水，清理工作台面：

① 清倒染料残液，染杯残液，并将用具洗涤干净、放好；

② 擦拭水浴锅，清洁工作台面。

2. 注意事项

（1）水浴锅内的水位线不能低于电热管，防止电热管出现干烧现象，否则电热管将被烧坏。

（2）电控部分切勿受潮，以防发生漏电现象。水浴锅要有可靠的接地保护。使用过程中如有漏电现象或空气开关跳闸，要立即关闭电源，检修合格后方可使用。

（3）由于水浴锅的温度探头处于水浴中，所以数显温度仪的数字表示水浴的实际温度，但并不是染液温度。染浴温度一般略低于水浴温度，水浴温度与室温温差越大，则杯内液体温度与水浴温度温差就越大。一般在使用时，视温差大小，应保持水浴温度等于或略高于染浴需要的温度。如需精准的染浴温度，必须用温度计探测。

（4）若较长时间不使用水浴锅时，应放净水浴锅内的存水。

（二）振荡式染样机

振荡式染样机属于常温水浴式染样设备，如常温振荡式染色小样机 RC-Z1200/2400，图3-8 为 RC-Z1200 型号的结构和控制面板示意图。

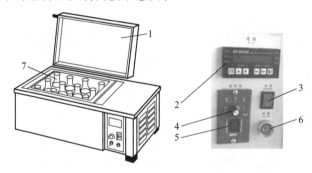

图 3-8　RC-Z 系列常温振荡染色试样机示意图

1—机盖；2—温度控制和编程器；3—电源开关；4—振荡速度旋钮；5—振荡开关；6—蜂鸣器；7—锥形瓶

常温振荡式染色小样机操作规程如下。

（1）开机前首先确定箱体内是否有足够的水，然后才可上电。

（2）温控器温度设定操作：先按"<"键，使数字右下方点闪烁，表示可设定温度；按"<"键使右下方闪烁点移动至预设定位置；按"∧"键增加数字，按"∨"键减少数字；将温度设定至工艺要求。

（3）启动振荡开关，旋转振荡调速旋钮调整振荡速度。

（4）到达设定温度后，调整振荡速度至"0"。

（5）将装有染液的锥形瓶置于箱内固定夹中，调整振荡速度至合适速度，进行染色。

（6）染色结束，关闭振荡马达开关，关闭电源开关，取出锥形瓶。

（三）旋转式染样机

旋转式染样机根据染色温度需要，热浴介质可以选用甘油或者水，甘油可以用于高温染色，水一般用于低温染色。图 3-9 即为 RC-2400 旋转式染样机外观图。

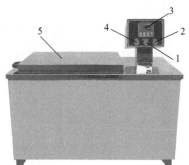

图 3-9 旋转式染样机

1—停止/点动；2—运行；3—温控和编程器；4—电源开关；5—水浴箱盖

1. 操作规程

（1）加热槽内注入水（如需要较高温度来染色，可以使用导热甘油来代替水），液体平面低于主轴 5cm 左右。

（2）将不锈钢染杯注入染液、投入染物，盖内的密封圈要保持平整，旋紧密封盖。

（3）旋转电源旋钮，打开电源，电源指示灯及染色电脑通电，准备工作。

（4）按动面板上的停止/点动按钮，依次放入不锈钢染杯，按下染杯时需顺时针方向旋转 45°，进入杯架卡槽（必须旋转到位，否则打样过程染杯会脱落，造成机械损伤）。

（5）按运行按钮杯架开始旋转。

（6）在编程器上设置好染色工艺后，开始按照所设工艺染样。

（7）打样结束后，自动呼叫，按下染色电脑上停止键，呼叫停止。

（8）按下停止/点动按钮，杯架停止转动，配合点动按钮用染杯夹依次取出染杯，然后放入机器上的开杯槽内，逆时针旋开染杯盖，取出染织物。

（9）工作完成关闭电源旋钮，关闭机器总电源。

（10）机器运行时，染机温度高于 85℃请勿将身体接触机器以免烫伤。

（11）机器未停止时严禁将身体部位伸入机器内。

2. 染色电脑系统操作要领

以常用的染色程控器为例来说明。

（1）编程操作　F—品种代号；L—步序代号。设第二个品种 F2，从第一步编程 L1。

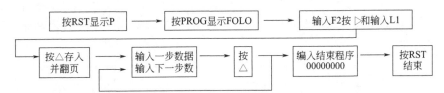

（2）程序运行操作　若要运行 F2L1 程序，则按下列操作：

（3）程序停止，再次运行的操作

二、小轧车

小轧车主要用于压轧浸渍各种处理液后的织物，使其均匀带液并按要求控制一定的带液率，是轧染打样常用的主要设备。目前染整实验室常用的有立式和卧式两种小轧车，其结构如图 3-10 所示。

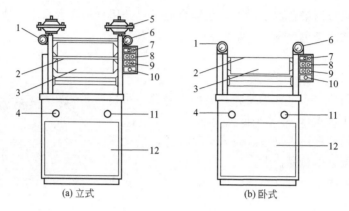

(a) 立式　　　　　　　　　　(b) 卧式

图 3-10　小轧车结构示意图

1,6—压力表；2—保险杠；3—橡胶压辊；4,11—压力调节阀；5—膜阀；7—轧辊转速调节旋钮；

8—电动机启动按钮；9—加压按钮；10—急停开关；12—安全膝压板

1. 小轧车的操作规程

（1）接通电源、气源及排液管。卧式轧车压紧端面密封板，关闭导液阀。

（2）按下电动机启动按钮及加压按钮。

（3）分别调整左右压力阀后（压力阀顺时针方向旋转为增加压力，反之为降低压力），按卸压按钮，再按加压按钮，重复 2～3 次，当确定所调压力准确无误后，向外轻拉调压阀到"LOCK"位置。

（4）测试调节轧余率。将布样浸渍后压轧、称重，计算轧余率。重复操作，至轧余率达到规定要求。

（5）配制试验用浸轧液，准备好织物。

（6）用浸轧液淋冲轧辊，以防轧辊沾污试验织物。

（7）浸轧织物。

（8）试验完毕，清洗压辊。按卸压按钮和电动机停止按钮，关闭设备。

图 3-11 示意了立式小轧车正确的进布方式和不当的进布方式，为安全起见，轧染时要采取正确的进布方式。

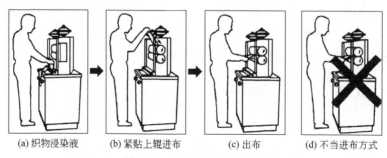

(a) 织物浸染液　　(b) 紧贴上辊进布　　(c) 出布　　(d) 不当进布方式

图 3-11　立式轧车操作示意

2. 注意事项

当遇到紧急情况时，可以按压急停按钮或安全膝压板（部分国产小轧车没有设膝压板），轧车会自动停止运转，同时轧辊释压并响铃。按下急停按钮后，轧车无法启动，若要重新启动机器，请先将急停按钮依其箭头所示旋转弹起后方可。

三、红外线染样机

红外线高温高压染样机适用于各种染料染色，尤其适合于分散染料染涤纶及其混纺织物。以 RC-I1200 红外线染样机为例。本机装有红外线加热装置，以特殊温度探头控制红外线的照射来达到控温的目的。与传统的甘油浴加热和高温高压染样机相比，其工作环境清洁，操作方便，升温速率快，染杯内染液温度均匀，染色试样平整，匀染性好。图 3-12 为 RC-I1200 红外线染样机示意图。

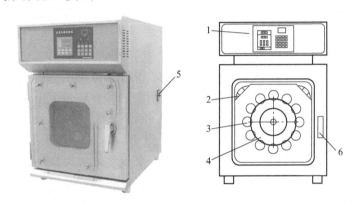

图 3-12　红外线染样机结构示意图

1—编程和显示器；2—红外线灯管；3—钢杯位置；4—转盘；5—电源开关；6—门锁

1. 红外线染样机的操作规程

（1）将染杯置于转轮上，同时要将温度探头插入探头专用杯内。请务必将探头放入探测杯底，探温专用杯一定要参与染色，或者装水，不能空置。

（2）设定染色程序。

（3）开启加热系统，同时选择适度的转速。

（4）开启设备冷却系统（冷却系统有水冷式或空气冷却式）。

（5）按下启动按钮，设备将按预先设定的程序执行。程序运行完毕后自动响铃报警。

（6）关闭加热系统，取出染杯，清洗布样及染杯。

2. 注意事项

（1）必须先将染色流程设计好后，再输入电脑程序。应特别注意设定升温速度，升温速度范围为 $0.2 \sim 4℃/min$，设为 9.9 时全速升温；降温速度范围为 $0.2 \sim 5℃/min$，设为 9.9 时全速降温。注意启动段的温度和时间设定，否则温度有漂动现象。

（2）每次试验必须更换探头杯子里的水，水温与染杯内的温度相同。

（3）因红外线染样机依靠探测探头专用杯内温度而控制染色全过程温度，每个染杯（含探头专用杯）的水量应相同，其误差不得超过 $\pm1.5\%$。

（4）将染杯置于转轮上要推锁到位，避免转轮旋转时染杯飞出损坏设备；不可在染色中途加入染杯。

（5）染色结束后，必须等待染杯冷却到规定温度（仪器自动鸣笛提示）方可打开门锁。

四、升降式高温高压染样机

升降式高温高压染样机主要用于分散染料的染色，图3-13为RC-S1200升降式高温高压染样机。

图3-13　升降式染样机
1—编程控制器；2—染品挂架；
3—锅盖手柄；4—压力表；
5—箍圈手柄

1. 染前准备工作

根据打样内容，准备好染料、助剂、试样，并配好染浴。

挂样：拧松试样机内中心螺帽，取出不锈钢挂件，将待染布样挂入，然后重新将挂件插入，拧紧中心螺帽。

2. 机器操作

（1）插上本机电源线插头，合上电源闸，使染样机控制盒有电；

（2）将控制盒上的开关锁匙，顺时针90°拨向，控制盒显示窗显亮；

（3）按启动键：工作指示灯亮；

（4）按温度键：TIMER显示屏个位不间断跳动，通过加减键在0~9数字间选择所需数值；按移位键、十位闪亮，按加减键在0~9数字间选择再移位、原位闪亮，在0~9数字间按加减选择数值，然后按确认键确认，此时显示屏显示所需染色工作温度，并被记入控制盒内；

（5）按速率键：（调整升温速度，即每分钟升温多少度，最大每分钟9℃）TIMER显示屏闪跳，按加减键调整，然后按确认键确认，数值被输入控制盒；

（6）按延时键：TIMER显示窗闪亮，按加减键调节染色时间的个位值；移位、按加减键调节染色时间十位值；移位、按加减键调节时间百位值，然后确认，此数值被固定，并被输入控制盒内；

（7）盖上锅盖，并将红色手柄向右扳平到位，将锅盖锁牢；

（8）按下拌动键，拌动指示灯亮，待有热气从排气阀明显排出时，旋紧锅顶排气阀，染色机进入染色试样的阶段，此时控制器显示窗及时显示染色升温状况；

（9）当显示屏显示染色温度达到设定值时，TIMER显示屏开始以倒计时式计时，至延时时间完成，延时指示灯亮，报警器蜂鸣，此时工作灯熄灭（加温、升温速度延时等状态停止）；

（10）开启夹套冷却水的进水阀，进行锅体循环冷却，锅内温度将逐步下降，当温度达到100℃时，锅内压力为0MPa（此时仍不能开盖），当温度降至90℃时，可以关闭进水总阀，停止锅内冷却；

（11）准备一片纸张，置压力表后直排阀口，开启阀门，如纸张不动，证明锅内确实无压，此时可以将红色手柄向左（上）扳动，使锅盖箍圈松开，人站在染色机右侧，将黑色手柄向自己所站方面拉即锅盖开；

（12）用清水将挂件淋至温暖，拧开锅中心螺丝，取出挂件，将试样用清水冲洗干净，待皂煮烘干，染色完成；

（13）清洁机台、停水、断电；

（14）染色过程，温度将升至130℃左右，压力达到0.2~0.25MPa，试样操作者绝不允许离开和扳动机械操作手柄！以免发生危险。

五、溢流染色试样机

溢流染色试样机主要用于小批量织物绳状染色或其他加工，可根据需要采用常温常压或高温高压染色。目前常用的溢流染色试样机的机械构造如图 3-14 所示。该机采用自动化系统控制，可实现染色全过程的自动控制，如加料、进水、水位、温度、时间、排水等。溢流染色试样机的操作规程如下。

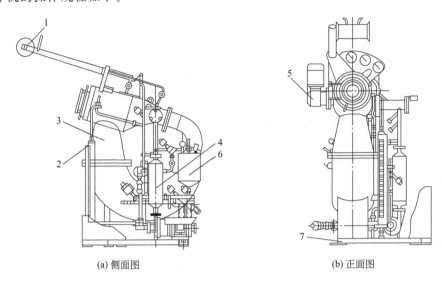

(a) 侧面图　　　　　　　　(b) 正面图

图 3-14　溢流染色试样机结构示意图

1—出布辊；2—水尺装置；3—缸体；4—热交换器；5—转动装置；6—加料桶；7—底座

1. 电源及操作模式选择

（1）逆时针转动电控箱上的电源隔离开关手柄至闭合状态，接通电源。

（2）按电源按钮一次，电源指示灯亮。

（3）转动"AUTO/MANUAL"选择开关选择操作模式（"MANUAL"即手动模式。操作未必全部是手动操作，它可能是半自动的）。

2. 编制染色程序时注意事项

对于自动操作模式，需在样机运行前编制运行程序。在编制染色程序时，必须将安全保护步骤包括在内，具体如下。

（1）进水

① 禁止在进水操作程序前设置加热至 85℃ 的步骤。

② 禁止在进水操作程序前设置启动液流循环泵的程序步骤（除非已配备了该种控制功能）。

③ 如果进水操作程序后紧接着是入布，就必须包括不进行加热和冷却的液流循环工序及手动执行下一工序的功能。

（2）排水　在执行排水工序前，必须设置一冷却程序能将机器温度降低到至少 85℃ 以下，并保持 5min（带高温排放功能的除外）。

（3）取样　在染液温度高于 85℃ 时，必须有一程序能将机器温度冷却到至少 85℃ 以下，并保持 10min，才能进行取样。

3. 自动模式操作规程

（1）启动程序前

① 在进行机器操作前，按上述注意事项编制染色程序文件。

② 将电控箱上的"AUTO/MANUAL"选择开关转到"AUTO"自动位置。

③ 按照仪器使用的规范步骤，将染色程序输入到微型计算机控制器存储器内。但必须注意的是，此时还不能立刻启动程序。需要进行以下检查。

a. 进水水位设定是否正确。

b. 过滤器工作门是否已关闭上紧。

c. 入布后缸身前的工作门是否已关闭拧紧。

d. 节流阀是否已调节到正确位置。

e. 喷淋清洁阀是否已关闭。

f. 确认压缩空气源正常。

g. 确认手动排压阀已关闭。

h. 确认加料桶的模式选择开关已置放在"AUTO"（自动）位置（只适用于可编程注料系统）。

（2）启动程序 在确保上述各项准备无误后，选择好正确的步骤及程序号，按下自动控制系统的启动按钮。

（3）系统回应下列呼唤信号

① 备料呼唤（染料）；

② 取样呼唤。

（4）取样 当取样呼唤信号灯亮时，按仪器规范操作步骤进行取样操作。

六、连续轧染机

连续轧染机主要用于实验室进行小样轧染及其他加工。根据染料扩散与固着条件不同，分为压吸蒸染试验机和压吸热固试验机。

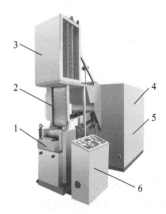

图 3-15 PT-J 型连续式热熔
固色机

1—二辊卧式轧车；2—导带；
3—红外线烘干；4—热风烘干；
5—热熔焙烘；6—电控柜

1. 连续式热熔固色机

连续式热熔固色机适用于使用干热空气焙烘或定形的工艺，如分散染料热熔染色、树脂整理等。如 PT-J 型连续式热熔固色机，见图 3-15 所示。

连续式热熔固色机操作规程如下。

（1）设定工艺流程。热熔染色过程：轧车轧液→红外线预烘→上层烘箱预热焙烘→下层烘箱热熔染色。

如不需热熔环节，可以把上层预热烘箱后面的落布箱用螺丝固定，试样可在通过上层烘箱后直接落入布箱内，不会再通过热熔烘箱。

（2）设定工艺条件：轧车压力、传动链条速度、红外线预烘条件、风扇马达转速、预热烘箱的温度。

（3）准备布样、染液。

（4）清洗轧槽及轧辊并擦干后，将染液加入轧槽，调整好布样。

（5）按电动机按钮及加压按钮。织物浸渍染液后，经过轧辊轧压，即用两支夹布棒固定在连续运转中的链条上，夹布棒可由链条上的夹子固定。

（6）织物随链条运行，首先经过红外线烘干，再经中间烘干过程，即进入热熔烘箱中，最后自动退料到存放槽中。

（7）试验结束，清洗轧辊，按卸压按钮及电动机停止按钮。

2. 连续式压吸蒸固色机

连续式压吸蒸固色机适用于以饱和蒸汽汽蒸固色的染料染色，例如活性染料、还原染料及硫化染料的轧染等。整机由气压电动小轧车和饱和蒸汽蒸箱及自动卷取摆布装置组成，它模拟大样生产工艺与操作，样布压吸后极短时间就进入蒸箱，有效避免空气对染料的氧化还原影响。经汽蒸而固色，能获得较满意的色泽再现性。如图 3-16 所示为 PS-JS 型连续式压吸蒸固色机结构示意图。

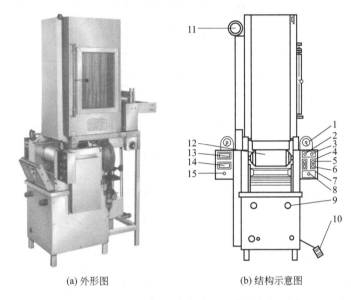

(a) 外形图　　　　　　　　　(b) 结构示意图

图 3-16　PS-JS 型连续式压吸蒸固色机

1—压力表；2—染槽清洗指示灯；3—染槽清洗开关；4—加压按钮；5—电动机启动按钮；
6—电动机停止按钮；7—释压按钮；8—急停按钮；9—调压阀；10—脚踏开关；11—温度
指示表；12—橡胶轧辊；13—数字温度显示器；14—汽蒸时间指示；15—调速旋钮

连续式压吸蒸固色机的操作规程如下：

（1）查看导布棍和轧辊是否清洁，压缩空气供应是否正常（最高使用压力为 0.6MPa）；设备导布是否穿妥。

（2）依次开启主电源系统、空压机、蒸汽系统，检查温度是否到达所需温度。

（3）调整轧辊压力大小至所需轧余率。

（4）检查水封槽是否有水，并进行温度设定。

（5）将已配制好的染液或助剂倒入浸轧槽，按电动机按钮及加压按钮。

（6）调整调速旋钮，并检查汽蒸时间是否符合要求。

（7）织物浸渍、轧压，通过橡胶辊进入蒸箱。

（8）将液槽升降开关拨到"ON"位置。

（9）当织物通过水封槽后，按卸压按钮及电动机停止按钮。

（10）取下织物，进行下道工序。

（11）试验结束后，关闭蒸汽、水、压缩空气、电源等。

（12）打开排水管阀，清洁导布杆和橡胶辊，排除水封槽中的水。

七、定型烘干机

定型烘干机可用于分散染料的热熔固色。图 3-17 为 RC-LD 试样定型烘干机，其操作规程如下。

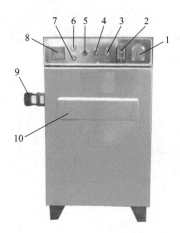

图 3-17　定型烘干机

1—电源总开关；2—定时器；3—运行按钮；4—电源开关；5—加热开关；6—风机启动按钮；
7—风机停止按钮；8—温控器；9—布架驱动马达；10—布架进出门

设备工作流程如下：织物上针板架→针板入机并启动→自动计时→自动退出并呼叫。

（1）开动设备前检查：电源接地线是否可靠接地，专设空气开关是否开关灵活，针板托架是否停在后位（退出位）。

（2）打开专设空气开关，向右打开电源开关旋钮"Power"。

（3）设定所需工作温度：按"△"键使其闪烁，再按"▲"键或"▼"键改变数字，按需设定完成后按"SET"键。

（4）设定保温时间。

（5）启动风机按钮"FAN　START"。

（6）打开加热旋钮"HEAT"至"ON"，三组加热器开始运行。

（7）到达所需温度后，自动进入保温状态。

（8）将上好布的针板架放入托架上，按运行按钮"RUN"，开始自动进布、计时，时间到，自动退出并叫铃。

（9）取出针板架，并把下一个放入。

（10）关闭电源开关旋钮"Power"，停止 10s 后重新打开，并开启风机按钮，按运行按钮"RUN"重新进行工作。

（11）停机时，加热旋钮打回"Off"，开启机后排气口，降温至 75℃，按下风机停止"FAN　STOP"，向左旋动电源旋钮"Power"，切断本机电源，关闭专设空气开关。

八、小型磁棒印花机

小型磁棒印花机可用于染料色浆和涂料色浆的印花打样。图 3-18 为 RC-MP2000 磁棒印花机，其操作规程如下。

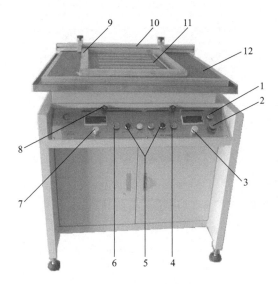

图 3-18　小型磁棒印花机

1—电源开按钮；2—电源关按钮；3—速度调节和显示；4—运行开关；5—控制按钮；6—磁力开关；
7—磁力调节和显示；8—印花位置调节；9—花版；10—花框固定架；11—磁棒；12—印花平台

1. 开机前的准备

(1) 插上电源插销或合上电闸。

(2) 松开停止按钮（STOP）（顺时针旋转）。

2. 操作程序

(1) 检查台面、筛网及刮浆辊是否清洁；

(2) 准备印花浆；

(3) 将织物铺于台面的中间；

(4) 调整定位销的位置，将网框置于织物之上（套色印花时，调整定位销的位置以保证对花精度）；

(5) 将选定的刮浆辊放在框网左端经确定的起点上；

(6) 按磁力按钮（MAG NET）（加磁）；

(7) 按运行按钮（RUN）；

(8) 将适量的浆液倒在刮浆辊之前；

(9) 将左右手动（L　R/MANUAL）方向开关转向右（进行印花）；

(10) 按磁力按钮（MAG NET）（去磁）；

(11) 取下刮浆辊和网框（清洗）；

(12) 取下试验织物，去进行下一工序工艺试验；

(13) 将左右手动（L　R/MANUAL）开关转向左（回到起点）；

(14) 进行下一个试验织物的印花工艺试验。

3. 试验完成

(1) 按急停开关（STOP）（关机），电源指示灯灭；

(2) 拔掉电源插销或拉下电闸；

(3) 清洗台面，干燥后罩防尘罩。

九、小型蒸化机

多功能蒸化机用于印花布或染色布的汽蒸固色，图3-19为RC-CS2540小型蒸化机，其操作规程如下：

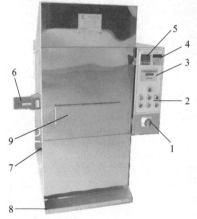

图3-19 小型蒸化机

1—电源总开关；2—控制按钮；3—温湿度设定和显示；4—汽蒸计时；5—温控器；6—布架进出驱动电机；7—湿度探头；8—冷凝水接水盘；9—布架进出门

（1）确认电气控制柜内断路器已全部合上，电源已接通，箱体后部排湿降温风门已完全关闭。

（2）将操作面板上电源开关打开（顺时针旋转由"0"转到"1"）。红色电源指示灯亮。

（3）按下绿色风机启动按钮，风机启动，同时指示灯亮（注意风机旋转方向）。停机时按下风机停止按钮，风机停止运行。

（4）设定所需温度，按"＜"位移键，使设定值数位闪烁，再用"△"或"▽"键改变其设定，设定完成后需再按"SET"键，完成设定。

（5）设定蒸化所需湿度。

（6）将加热旋钮转到开（ON）的位置，如果当前实际温度低于设定目标温度，开始自动加热同时加热指示灯亮。

（7）蒸化时打开蒸汽发生器，将蒸汽发生器旋钮转到开（ON）的位置，如果当前实际湿度低于设定目标湿度，蒸汽发生器开始自动加热同时指示灯亮。

（8）温度、湿度均达到设定目标值后准备工作。

（9）本机蒸化设有手动、自动两种工作状态。蒸化前必须确认湿度传感器已插入箱内。

① 选择手动工作时，将蒸化旋钮旋到手动（MAN）然后按下运行按钮，进箱指示灯亮，定型机架自动运行进入箱内，进到位后停止，指示灯灭。按下停止按钮，点动出箱并呼叫，松开按钮定型机架停止。

② 选择自动工作前，首先必须根据工艺设定蒸化时间（按动蒸化计时器上"＋"、"－"键设定时间）然后将蒸化旋钮旋到自动（OUT），按下运行按钮，进箱指示灯亮，定型机架运行进入箱内，进到位后停止，指示灯灭。蒸化计时器工作，计时完成后定型机架自动运行退出箱外，出箱呼叫，退到位后停止，指示灯灭，出箱呼叫停止。

（10）工作完成后，打开箱体后部排湿降温风门。首先关闭蒸汽发生器，等待湿度降到10％以下时再关闭加热，等待温度降到90℃以下关闭风机，关闭操作面板上电源总开关。

（11）当蒸汽发生器内水位快到达液位计最低标记时还可工作约60min，如不够完成工作请打开手动排水阀，排除蒸汽发生器内的水直到自动加水呼叫时关闭手动排水阀，此时蒸汽发生器自动加满水后再继续工作。

第三节 其他仪器设备及工具

其他仪器主要指各类染色打样辅助仪器或工具，包括电热烘燥箱、电熨斗、电炉、天平、酸度计、电吹风、标准光源灯箱、分光光度计、灰色样卡、各种规格玻璃仪器刷、剪刀、搪瓷盘（不锈钢盘）、移液管架等。

一、电子天平

天平是染整化验室常用的重要衡器。染整化验室常用的、较为精确的称量天平有电光天平和电子天平两种。根据型号的不同，称量精度可从 0.01g（10mg）到 0.0001g（0.1mg）。图 3-20 所示为精度是 0.01g 的电子天平。由于电子天平称量精确，使用方便，故应用较为广泛。

电子天平品牌和规格较多，但使用要求和操作方法基本相同。

图 3-20　电子天平

1. 电子天平的校准

电子天平开机显示零点，不能说明天平称量的数据准确度符合测试标准，只能说明天平零位稳定性合格。衡量一台天平合格与否，还需综合考虑其他技术指标的符合性。由于电子天平属于电子产品，可能会因存放时间较长，位置移动，环境变化而影响称量精度，所以天平在使用前一般都应进行校准操作。校准方法分为内校准和外校准两种。很多品牌的电子天平均有校准装置，不同品牌的略为不同。使用前应仔细阅读说明书，了解"校准"操作和要求，避免造成较大的称量误差。

2. 电子天平使用

电子天平的操作规程如下。

（1）天平水平调节：有些精度要求较高的天平设有水平仪，要进行天平水平调节，观察水平仪，如水平仪水泡偏移，则调整水平调节脚，使水泡位于水平仪中心。对于没有水平调节的，应尽量将天平放置水平。

（2）接通电源，此时显示器并未工作，预热 30min 后，按键盘"ON"开启显示器进行操作使用。

（3）天平进入称量模式 0.0000g 或 0.00g 后（精度不同，则显示不同），方可进行称量。

（4）将需称量的物质置于秤盘上，待显示数据稳定后，直接读数。

（5）若称量物质需置于容器中称量时，应首先将容器置于秤盘上，显示出容器的质量后，轻按清零键，出现全零状态，表示容器质量已去除，即去皮重。然后将需称量的物质置于容器中，待显示数据稳定后，便可读数。当拿去容器，此时出现容器质量的负值，再按清零键，显示器恢复全零状态，即天平清零。

（6）称量完毕，轻按"OFF"键，显示器熄灭。

（7）若长时间不使用，应切断电源。

3. 电子天平的维护与保养

（1）将天平置于稳定的工作台上避免振动、气流及阳光照射。

（2）在使用前调整水平仪气泡至中间位置。

（3）电子天平应按说明书的要求进行预热。

（4）称量易挥发和具有腐蚀性的物品时，要盛放在密闭的容器中，以免腐蚀和损坏电子天平。

（5）经常对电子天平进行自校或定期外校，保证其处于最佳状态。

（6）如果电子天平出现故障应及时检修，不可带"病"工作。

（7）操作天平不可过载使用以免损坏天平。

二、标准光源灯箱

标准光源灯箱是指由标准光源制作而成的对色灯箱。随着国际纺织市场的变化和要求多采用 D65、CWF、TL84、UV、HOR 等光源。这些光源代表了不同的色温和照明条件。为了适应对色的需要，大多数标准光源灯箱由多只不同的光源灯管组合而成。市面上灯箱品牌较多，配置光源基本一样，如图 3-21 所示。例如美国的 GretagMacbeth 灯箱、TILO 天友利对色灯箱、YG982A 标准光源箱、CAC-600 系列标准光源灯箱等。不同的对色标准所使用的灯箱不同。

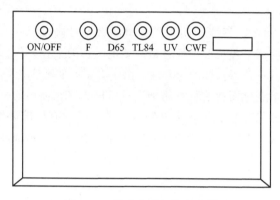

图 3-21　标准光源灯箱示意图

标准光源灯箱操作规程如下。

（1）将电源线插入灯箱背面插口，接通电源，计时显示器会显示一个流水时间，提示电源已接通。

（2）按一下"ON/OFF"键，计时显示为该灯箱已使用的总时间。

（3）按一下"D65"、"F"、"TL84"或"UV"键，对应的该组灯管即点亮，计时显示该组灯管已使用时间。若需同时开启两种或多种光源，只需同时按下两键或多键即可。

（4）将被检测品放在灯箱底板中间，若比较两件以上物品时，应并排放在灯箱内进行对比。

（5）观察角度以 90°光源、45°视线为宜。光源从垂直入射角照射到被检测物品上，观察者从 45°观察。

（6）检测完毕，按一下"ON/OFF"键关机，并断开电源。

三、烘箱

烘箱主要用于织物等物品的干燥，烘箱的使用温度范围各品牌略有不同，一般为 50～250℃，电热烘箱多采取鼓风式以加速升温。鼓风式电热烘箱种类规格较多，有数显的和非数显的，容积大小有多种规格。以 GZX-9240MBE 数显电热鼓风干燥箱为例，结构示意如图3-22 所示，其操作规程如下。

1. 操作规程

（1）将所要烘燥或实验的物品放置在内胆搁架上，关闭箱门。

（2）通电，控制面板上的电源指示灯亮起；将电源开关键"0/1"拨向"1"处，此时电源指示灯亮起，表明烘箱已通电。

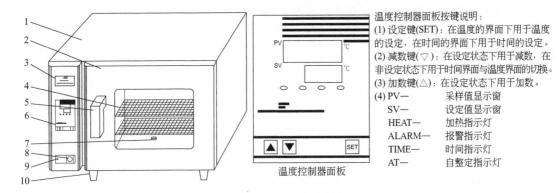

图 3-22　烘箱结构和温控器面板示意图

1—箱体；2—箱门；3—铭牌；4—搁板；5—手柄；6—温控器；7—风机；8—电源开关；9—电源指示灯；10—箱脚

（3）此时面板两个上下显示窗分别显示"输入类型编码"，"稳定范围编码"，最后"PV"显示窗显示的是当前箱内的实际温度，"SV"显示窗显示默认设定温度，此时设备按默认设定参数进行工作。

（4）在默认状态下，可以通过设定"SET"键、"△"和"▽"键，来设定工作温度和定时时间等功能，具体操作如下。

① 温度的设定：在默认状态下按"SET"键进入主控设定状态，"PV"显示窗出现 SU 字样，按"△"或"▽"键，在"SV"显示窗的显示值调整到所要设定的温度值，再按"SET"键设备即进入工作状态。

② 定时时间的设定：在"PV/SV"状态下或设定好温度的状态下，按"▽"键，上下显示窗出现时间界面，"TIME"时间指示灯亮，再按一下"SET"键，"SV"显示窗显示 TJV，再按"△"或"▽"键设定好定时时间，再按"SET"键即可。设备工作时，定时功能开始启动。定时结束后，加热输出关闭。

③ 为了保证烘箱的控温精度，可以启动自整定功能。将温度设定成目标温度后，在 PV/SV 状态下，按"▽"键 5s 以上（期间会出现时间状态），出现设定值闪动工作状态，此时自整定状态开始，当设定值停止闪烁后，表示自整定结束，进入正常工作状态。

④ 当所需温度较低时，可采用二次设定方法。如所需温度为 80℃，第一次可以设定为 70℃，当温度过冲开始回落后，再把温度设定为 80℃，这样可以降低和杜绝过冲现象，尽快进入恒温状态。

（5）烘燥工作结束后，关闭电源开关，待物品冷却后再开箱门取出物品，防止被烫伤。

（6）用于烘干染色织物时，为防止染料泳移，应将织物悬挂烘燥，且温度不能高于 60℃。

（7）使用完毕，关闭开关。将电源插头拔下。

2．注意事项

（1）使用前要检查电源，要有良好的保护接地。

（2）切勿将易燃易爆物品及挥发性物品放入箱内加热。箱体附近不可放置易燃物品。

（3）箱内应保持清洁，放物网不得有易沾染物，否则影响织物和器具洁净度。

（4）烘烤洗刷完的器具时，应尽量将水珠甩干再放入烘箱内。干燥后，应等到温度降至 60℃ 以下方可取出物品。塑料、有机玻璃制品的加热不能超过 60℃，玻璃器皿的加热温度不能超过 180℃。

（5）放物品时要避免碰撞感温探头，否则温度不稳定。

（6）检修时应切断电源，防止带电操作。

想一想

1. 简单总结一下染整打样设备有哪些特点。

2. 操作使用打样设备要注意哪些问题？

3. 标准光源灯箱中，D65、CWF、TL84、UV 等各代表什么光源？

第四章　染整打样操作基础

了解染整打样常用溶液浓度的表示方法；

掌握打样的基本计算方法；

掌握染整打样基本操作要领。

第一节　染整打样常用溶液浓度的表示方法

在染整打样工作中，处方中常用到染料或助剂的浓度表示。不同的染色方法，染料或助剂不同的物料状态（固体或液体），其浓度表示方法不同。常用浓度的表示方法有以下几种。

1. 质量百分比浓度 ［％（o. w. f.）］

染液中投入的染料（或助剂）质量对染色纤维或织物质量的百分数。

该浓度表示方法适用于织物浸染加工方式。被加工织物（或其他纤维形式）按一定质量进行配缸染色，以织物质量为基数，染料或其他助剂的投料量相对于织物质量的百分比，其表示直观，使用方便。

【例1】已知被染棉纱为 5g，称取 0.1g 活性染料染色，则染料浓度为：$0.1 \div 5 \times 100\%$ $= 2\%$ （o. w. f.）。

▶ 练一练

已知被染棉织物为 2g，活性染料浓度为 1.5％（o. w. f.），应称取多少克活性染料染色？若将固体染料预先配制成 5g/L 的母液浓度，问应吸取多少毫升染料母液？

2. 质量体积浓度

指 1L 溶液中含有染料（或助剂）的质量（g），单位为 g/L。

该浓度表示方法主要适用于轧染加工方式，表示染液处方浓度；在浸染法的染液处方中，助剂用量也常常用质量体积浓度表示。

【例2】活性染料汽蒸法染色时，浸轧染液的组成处方为：

活性染料	20g/L
小苏打	15g/L
防泳移剂	20g/L

▶ 练一练

若轧槽液量为 50L，请计算以上各染化料的用量。

3. 体积比浓度

指 1L 溶液中含有助剂的体积（mL），单位为 mL/L。

该浓度表示适用于某些助剂为液体剂型时，表示加入助剂的处方浓度。例如：分散染料高温高压染色时，为控制染液 pH 值，冰醋酸处方浓度为 1mL/L。

4. 质量分数

以溶质的质量占全部溶液的质量的百分比来表示的浓度，用 w 表示。

$$w = \frac{溶质的质量(g)}{溶液总质量(g)} \times 100\%$$

该浓度表示法作为溶液中溶质浓度的常用表示方法之一，主要用于溶液剂型的商品试剂中。例如 98% 的硫酸试剂，即表示 100g 该溶液中含 98g H_2SO_4 溶质，含水 2g。若知该溶液的密度为 1.84g/mL，就可以换算出该溶液的质量体积浓度为 1803.4g/L（想一想如何计算出来）。在染色处方中一般不直接用该浓度表示法，在印花色浆处方中有时用到。在染整加工时，经常用质量分数不等的醋酸、硫酸、盐酸、液碱等助剂溶液，在制定工艺处方和称量时，需要进行相关浓度的换算。

第二节 染整打样工艺计算

一、染整打样的相关计算

1. 配制母液的计算

一般地，如已知需要配制的染料母液的体积为 $V_{母液}$（mL），浓度为 c（g/L）；则需要称取的染料质量 $m = cV_{母液}/1000$（g）。

或者，已知需要配制的助剂母液的体积为 $V_{母液}$（mL），浓度为 c（mL/L）；则需要吸取的助剂液体体积 $v = cV_{母液}/1000$（mL）。

【例 1】 配 10g/L 染料 250mL 母液需称染料多少克？

解 $m = 10 \times 250/1000 = 2.5$（g）

【例 2】 配制 0.5g/L 染料溶液 100mL，需吸取 10g/L 的染料母液多少毫升？

解 根据溶质质量相等原理，得 $0.5 \times 100 = 10 \times V_{母液}$

则 $V_{母液} = 0.5 \times 100/10 = 5$（mL）

【例 3】 配制浓度为 5mL/L 的冰醋酸母液 250mL，需吸取冰醋酸多少毫升？

解 $V_{母液} = 250 \times 5/1000 = 1.25$（mL）

▶ 练一练

根据上述例子改变相应数值并计算结果。

2. 打样处方计算

计算模型：已知打样织物的质量为 m（g），采取浸染方式，浴比为 $1:n$，染料浓度 [%（o. w. f.）] 为 $c_{染料}$；助剂浓度为 $c_{助剂}$（g/L）。则：

（1）配制染色液总体积 $V = mn$（mL）；

（2）需吸取浓度为 c（g/L）的染料母液体积 $V_{母液} = 1000 \times m \times c_{染料} \div c$（mL）；

（3）需要称取助剂的质量 $m_{助剂} = c_{助剂} \times V/1000$（g）；

（4）需要加水量＝染色液总体积 V－所吸取的母液体积 $V_{母液}$。

根据本模型的已知条件可以变换计算相应的物料量。

【例1】已知：打样织物的质量为2g，采取浸染方式，浴比为1∶50，染料浓度为1.0%（o. w. f.）；元明粉浓度为10g/L。问：（1）需吸取5g/L的染料母液多少毫升？（2）称取元明粉的质量为多少克？（3）还需加水多少毫升？

解 根据浴比可知，配制染色液总体积为：$V_{母液}=50\times2=100$（mL）

（1）设吸取染料母液体积为$V_{母液}$（mL），则有：

织物质量$\times c_{染料}=$染料母液浓度$\times V_{母液}/1000$

$V_{母液}$（mL）$=1000\times$织物质量$\times c_{染料}\div$染料母液浓度

$\qquad\qquad\quad =1000\times2\times1.0\%\div5=4$（mL）

（2）称取元明粉质量为：

$m_{助剂}=c_{助剂}\times V/1000$

$m=10\times100/1000=1.0$（g）

（3）配制染液需加水的体积为：$100-4=96$（mL）

【例2】要吸取10g/L的染料母液10mL，染5g织物，浴比为1∶50，此时染料的浓度 [%（o. w. f.）] 为多少？

解 染料浓度$=$所用染料量$\div$织物质量$\times100\%=10\times(10/1000)\div5\times100\%=2\%$

【例3】打样织物质量为2g，染料处方浓度为0.05%（o. w. f.），该染料的母液浓度为5g/L，应吸取母液多少毫升？试想一想，如果直接用1mL刻度管吸取准确吗？如何调整该染料母液浓度才能准确地吸取？

解 直接吸取5g/L染料母液时，$V_{母液}=2\times0.05\%\div5\times1000=0.2$（mL）

因为用1mL刻度移液管吸取0.2mL精确度差，故需将母液浓度稀释再吸收。

可以先将5g/L染料母液稀释成为0.5g/L（具体方法：可从5g/L染料母液吸取10mL加到100mL的容量瓶中，加水至刻度，盖上瓶塞，摇匀即可。想一想，为什么?）。然后再吸取稀释后的母液，需吸取的量为$V_{母液}=2\times0.05\%\div0.5\times1000=2$（mL）

同步思考：打样织物质量为2g，染料处方浓度为0.005%（o. w. f.），该如何调整该染料母液浓度才能精确吸取呢？

【例4】在活性染料一浴法轧染工艺中，小样棉织物质量为5g，染液处方为：

活性染料	10g/L
小苏打	15g/L
防泳移剂	12g/L
JFC	2g/L

棉布浸轧染液后称重为8.5g。若配制轧染液100mL，计算轧余率及各染化料用量为多少？

解 轧余率$=$（轧液后织物质量$-$轧液前织物质量）$\div$轧液前织物质量$\times100\%$

$\qquad\qquad =(8.5-5.0)\div5\times100\%=70\%$

染料用量为：$100\times10/1000=1.0$（g）

小苏打用量为：$100\times15/1000=1.5$（g）

防泳移剂用量为：$100\times12/1000=1.2$（g）

JFC用量为：$100\times2/1000=0.2$（g）

由此可知，对于轧染，如果知道了处方中各物料的浓度c（g/L）以及需要配制的染液量V（mL），则需要的染料和助剂的用量$m=Vc/1000$（g）。

【例5】有一活性染料印花色浆的处方如下，如要配制30g该色浆，需要用染料、助剂各多少克？色浆中活性染料的质量分数是多少？

色浆处方：

活性染料	30g
防染盐 S	10g
热水	适量
尿素	50g
海藻酸钠糊	x
碳酸氢钠	20g
合成	1000g

解 活性染料量为：$30 \times 30/1000 = 0.9$（g）

防染盐 S 量为：$30 \times 10/1000 = 0.3$（g）

尿素量为：$30 \times 50/1000 = 1.5$（g）

碳酸氢钠量为：$30 \times 20/1000 = 0.6$（g）

海藻酸钠糊和热水量为：$30 - (0.9 + 0.3 + 1.5 + 0.6) = 26.7$（g），其中海藻酸钠糊和热水的分别用量可根据海藻酸钠糊的黏度情况以及印花黏度需要来分配。

色浆中活性染料的质量分数为：$30/1000 \times 100\% = 3\%$

二、染色和印花生产中的工艺计算

【例 1】 在卷染机上用直接染料染棉织物，已知配缸每卷布长 800m、幅宽为 1.14m，已知该织物的单位质量为 125g/m²，染液处方如下：

20% 直接枣红	2.5%（o. w. f.）
纯碱：	0.5g/L
食盐：	10g/L
浴比：	1:4

试求：（1）染化料用量各是多少？

（2）食盐和纯碱的作用各是什么？

解 （1）染化料的用量为：

织物质量＝织物长度×幅宽×织物的单位质量/1000

$\qquad = 800 \times 1.14 \times 125/1000 = 114$（kg）

20% 直接枣红：$114 \times 2.5\% = 2.85$（kg）

染液体积：$114 \times 4 = 456$（L）

纯碱：$0.5 \times 456 = 228$（g）

食盐：$10 \times 456 = 4560$（g）

（2）食盐是促染剂，纯碱既是软水剂，同时也是助溶剂。

【例 2】 某印染厂在 Q113 绳状染色机上用活性染料染棉织物，已知织物质量为 200kg，加入的染料浓度为 5%（o. w. f.），浴比 1:20，染色结束时，测得残液中的染液浓度为 1g/L，求该活性染料的上染百分率（染液密度视为 1g/mL，假设染色后染液量不变）？

解 染液总体积为：织物质量×浴比＝$200 \times 20 = 4000$（L）

染色后残余染料量为：$4000 \times 1/1000 = 4$（kg）

投入的染料总量为：$200 \times 5\% = 10$（kg）

所以上染到纤维上的染料量为：10－4＝6（kg）

该活性染料上染率为：（6÷10）×100％＝60％

【例3】 有一棉织物，幅宽1.4m，采用活性染料印花，色浆处方如下，经测算织物耗浆量为80g/m²，问（1）生产2000m该品种花布至少需要多少千克色浆？（2）需要用染料、助剂各多少千克？

色浆处方：

活性染料	30g	海藻酸钠糊	x
防染盐S	10g	碳酸氢钠	20g
热水	适量	合成	1000g
尿素	50g		

解 （1）至少需要色浆量为：2000×1.4×80/1000＝224（kg）

（2）活性染料量为：224×30/1000＝6.72（kg）

防染盐S量为：224×10/1000＝2.24（kg）

尿素量为：224×50/1000＝11.2（kg）

碳酸氢钠量为：224×20/1000＝4.48（kg）

海藻酸钠糊和热水量为：224－（6.72＋2.24＋11.2＋4.48）＝199.36（kg），其中海藻酸钠糊和热水的分别用量可根据海藻酸钠糊的黏度情况以及印花黏度需要来分配。

第三节　染整打样基本操作

一、称量

将表面皿或烧杯洗涤干净，擦净烧杯外壁水分，放在电子天平上，清零后，少量多次加料至需要量。注意避免染料或助剂洒落在天平和台面上。

二、化料

水溶性染料和非水溶性染料，化料方法不同。

水溶性染料：将称好的染料放入烧杯，加少量的水将其润湿成浆状，然后加入定量的热水（根据不同类型染料水温可以不同），搅拌至染料完全溶解。

非水溶性染料：将称好的染料放入烧杯，加少量的水将其润湿成浆状，然后加入定量的水（水温不能太高，必要时加入分散剂），搅拌形成均匀的悬浮液。

三、母液配制

在染整打样时，由于织物小样质量小，所需的染料或助剂用量也相对较小，如果直接称量或吸量就较难操作且准确度也难以达到要求。因此，根据工作实际需要，常常把染料或助剂预先配制成一定浓度的溶液即母液，再根据染色打样工艺处方中染料的浓度，计算出母液吸量的体积，来配制打样染液。配制母液的方法根据染料或助剂的物料状态不同，可采取以下两种方法配制。

1. 固体的染料或助剂的母液配制

（1）配制流程　按配制的浓度来计算染料或助剂质量→称量→在烧杯中溶解→转入容量

瓶→洗涤烧杯至彻底（确保染料或助剂全部转移至容量瓶），平摇→定容→上下摇匀→润洗试剂瓶→母液转移至试剂瓶→贴标签（溶液名称、浓度、配制日期）

（2）试一试　配制体积为250mL，浓度为5g/L的活性红M-3BE染料母液。

操作指示：

① 计算染料质量：$m=cV_{母液}=5×250/1000=1.25$（g）；

② 将洗净干燥的小烧杯置于电子天平上，清零；

③ 用药匙舀取固体染料，靠近烧杯后，轻敲药匙柄，将染料置于烧杯内，至天平显示所需的质量要求；

④ 将少量软化水（或纯净水）加入烧杯中把染料调成浆状，然后继续加水，用玻璃棒搅拌至染料完全溶解；

⑤ 将溶解好的染料溶液，用玻璃棒引流转移至250mL容量瓶中，然后用少量的水多次洗涤烧杯内壁及玻璃棒，每次洗涤液均转移到容量瓶中，至洗涤液无色为止，再加水大约至容量瓶的3/4处，平摇，将染液混合均匀；

⑥ 加水定容至容量瓶颈部刻度，盖塞后充分摇匀（上下倒置混合均匀）；

⑦ 用少许配制的染料母液，润洗事先洗涤干净的试剂瓶2～3次，并将染料母液转移至试剂瓶中，贴好标签，备用。

2. 液体染料或助剂的母液配制

（1）配制流程　按配制浓度来计算染料或助剂取量体积→润洗吸量管→吸取染料或助剂液体→置于容量瓶→稀释至体积达容量瓶约3/4处，平摇混匀→加水定容至颈部刻度，上下倒置约10次，摇匀→润洗试剂瓶→母液转移至试剂瓶→贴标签（溶液名称、浓度、配制日期）

（2）试一试　配制体积为250mL，浓度为5mL/L的冰醋酸母液。

操作指示：

① 计算冰醋酸体积：$V=5×250/1000=1.25$（mL）；

② 取2mL规格的干净吸量管，吸取少许冰醋酸润洗2次；

③ 用润洗过的吸量管吸取冰醋酸，将吸取体积控制至计算量刻度；

④ 将吸取的冰醋酸直接置于250mL容量瓶中；

⑤ 加软化水（或纯净水）定容至容量瓶刻度，充分摇匀；

⑥ 用少许配制的冰醋酸母液，润洗事先洗涤干净的试剂瓶2～3次，并将冰醋酸母液转移至试剂瓶中，贴好标签，备用。

（3）注意事项　如果液体物料在稀释过程中有放热等现象，则吸取的物料液体不能直接置于容量瓶稀释和定容；应先在烧杯中稀释冷却后，再转移至容量瓶。基本流程如下：

按配制的浓度来计算液体物料取量体积→润洗吸量管→吸取物料液体→置于烧杯中搅拌稀释→转入容量瓶→洗涤烧杯至彻底（染料或助剂全部转移至容量瓶）→至体积达容量瓶约3/4处，平摇混匀→加水定容至刻度→上下倒置多次，摇匀→润洗试剂瓶→母液转移至试剂瓶→贴标签。

四、吸料

参见第三章移液管的使用部分内容。

五、染液配制和色浆调制

1. 染液配制

取染杯或烧杯，直接称取定量固体染料来化料，或吸取一定量母液，称取助剂溶好后或吸取一定量助剂母液加入染浴中搅拌均匀，最后按浴量要求补充水量至目标值，搅拌均匀即可。

2. 色浆调制

不同的染化料，色浆的调制方法不同，以水溶性染料活性染料为例。分别在小搪瓷杯（或不锈钢杯）中准确称量好染料、助剂和原糊（原糊要事先制备好，要求糊化完全、均匀），用少量水将染料和助剂溶好，再转移到原糊中，搅匀，临用前加入事先溶好的固色剂，搅匀即可。

六、染整打样操作原则和基本步骤

操作原则：小样的工艺、操作要尽量与大货生产的相同或相近。染色和印花的小样工艺操作目的是使织物获得颜色，要尽量规范化、标准化，并与大货生产的相同或相近，这样有利于消除操作误差，保障得色效果的重现性，而当大小样颜色出现差别时，可以主要通过大小样所用染料的用量和配比来调整或校正，有利于生产的快速进行。

1. 浸染法打样的基本步骤

适合浸染法染色的染料较多，有高温工艺的如分散染料，有常温工艺的如活性染料，但打样的步骤基本相同：

配制染液→预热水浴→润湿被染物→染色、后处理→整理贴样

（1）配制染液　根据染料浓度、助剂用量及浴比配制染液。一般缓染剂在配制染液时加入，促染剂在染色一定时间（一般为 15min）后开始加入。

（2）预热水浴　打开水浴设备加热。

（3）织物（或纱线）润湿　将预先准备好的织物（或纱线）小样，放入温水（40℃左右）或冷水（对于低温染色的染料如 X 型活性染料等）中润湿浸透，挤干、待用。

（4）染色、后处理　将配制好的染液放入水浴中加热至入染温度，放入准备好的织物开始染色，按工艺曲线要求控制升温、促染和固色过程，如果促染剂和固色剂用量较大时可分 2～3 次加入；加入助剂时，先将织物提出液面，搅拌溶解后再将织物放入。染至规定时间，取出染样，水洗，皂煮，水洗，最后熨干或烘干。

（5）整理贴样　将干燥好的布样，裁剪成大小适宜的整齐方形或花边方形，在裁好的布样反面边沿贴好双面胶，粘贴在样卡相应处。粘贴时，注意各浓度样织物纹路方向要一致。纱线样品整理成小束后，扭成"8"字形等，用透明胶带粘贴在样卡相应处。

（6）注意事项

① 在染色开始的 5min 内和刚加入促染剂后的 5min 内，染料上染较快，要加强搅拌，以防染色不匀；

② 在整个染色过程中，要尽量防止织物露在液面外面；

③ 染色时，要保持织物处于松弛状态，避免玻璃棒长时间压住织物而影响染液渗透；

④ 对于分散染料的高温染色，因有高压，中途不便加入助剂。打样时，将染液按处方要求配好，放入被染涤纶织物后，按要求将染色单元置于染样机中，锁紧安全装置，然后按工艺要求设置升温曲线后再运行，样机自动完成染色过程。

2. 轧染法打样的基本步骤

轧染是通过机械压力将染液均匀分布在织物上，然后通过适当的方式使染料上染固色，

适用于多种染料。轧染步骤一般为：

按处方计算染料和助剂用量→配制轧染工作液→织物浸轧染液→烘干→固色处理→染后处理→整理贴样。

（1）计算染料和助剂用量　按准备好的染色方案，计算配制 100mL 染液染料和助剂用量。

（2）配制轧染工作液　用天平称取染料和助剂，分别化料后，按一定顺序加入 100mL 烧杯中，然后搅拌均匀并加水至规定液量（100mL）待用。

（3）织物浸轧染液　将配好的染液搅匀倒入事先准备好的方形搪瓷（或不锈钢）小托盘中，把准备好的干织物平放入染液，使织物浸渍润透约 10s。将织物取出后紧贴小轧车压辊均匀压轧（预先调好轧余率）。浸轧方式：室温，二浸二轧。

（4）烘干　将浸染后的织物悬挂在一定温度的烘箱内烘干；或连续式压吸热固机上直接进行红外线和热风烘干。

（5）固色处理　用于轧染的常见染料有活性染料、还原染料和分散染料热熔染色。因染色原理不完全相同，可以根据化验室的设备情况，选择固色操作方法。

① 将烘干的小样直接置于蒸箱内，按规定温度和时间汽蒸固色。

② 将烘干后的小样置于烘箱内，按规定温度和时间焙烘固色；或在连续式压吸热固机上直接将经红外线和热风烘干的织物，导入焙烘室焙烘固色。

③ 将烘干后的小样在连续式压吸蒸固机上浸渍固色液后，快速置入蒸箱内，按规定温度和时间汽蒸固色。如：活性染料二浴法轧染、还原染料悬浮体轧染。

④ 将烘干后的小样浸渍固色液后，再用聚氯乙烯薄膜将小样上下包盖，赶尽气泡后，置于烘箱内，按规定温度和时间固色（模拟汽蒸固色）。

（6）染后处理　活性、还原和分散染料的染后处理不同。

① 活性染料　将固色后的织物经冷水洗、皂洗、水洗、烘干（熨干）。

② 还原染料　将固色后的织物经水洗、氧化、水洗、皂煮、水洗、干燥（熨干）。

③ 分散染料　将固色后的织物经水洗、还原清洗（浅色皂洗即可）、水洗、干燥（熨干）。

（7）整理贴样　同浸染法 5

3. 印花调色打样基本步骤

印花调色打样即根据工艺选定的染料和糊料，对来样各花色进行仿拼配色，从而确定具体印花色浆配方。

印花调色打样基本步骤可表示为：计算染料和助剂用量→调制色浆→刮印织物→烘干→固色处理→水洗处理→整理贴样。

（1）计算染料和助剂用量　按准备好的印花方案，计算配制一定量色浆的染料和助剂用量。

（2）调制色浆　用电子天平称取染料和必要的助剂，按一定方式化料，并按一定顺序加料于小搪瓷（或不锈钢）杯中，搅拌均匀待用。化验室打样时，色浆的黏度应尽量调至与生产机台上使用的一样。

（3）刮印织物　用刻有三角形或方形窗口的牛皮纸覆盖在平整的织物上，再把空白小平网版压在牛皮纸上，将色浆倒在牛皮纸窗口旁边。刮刀用 V 字口的橡胶刮刀。注意刮印时刮刀的角度、力度和速度。一般刮印一次即可。

烘干；刮印后的织物悬挂在一定温度的烘箱内烘干；或用电吹风直接吹干。

（4）固色处理　用于印花的常见染料有活性染料、涂料和分散染料以及分散/活性染料印花。因染料的上染原理不完全相同，根据化验室仪器设备情况，可以采用的固色方式不尽相同。固色处理方法有以下几种：

① 将烘干的小样直接置于蒸箱内，按规定温度和时间汽蒸固色；

② 将烘干后的小样置于小型定型机内焙烘室，按规定温度和时间焙烘固色；

③ 将烘干后的小样浸渍固色液后，置于蒸箱内，按规定温度和时间汽蒸固色，如活性染料二相法印花。

（5）水洗处理　对于染料印花，固色后的织物直接用自来水冲洗，并不断搓揉。

皂洗：将冲洗后的织物挤干，放在95℃的皂洗浴中皂煮3～5min，然后把布样取出，用冷水洗净；

烘干：把布样挤干摊平，悬挂在烘箱内烘干。

（6）整理贴样　将印后处理干燥完毕的织物，裁剪成大小适宜的整齐方形或花边方形，用双面胶对应粘贴在样卡上。注意粘贴时，各浓度样织物纹路方向要一致。

（7）注意事项

① 色浆调制化料要充分，搅拌均匀，色浆的黏度应尽量同机台上一样；

② 要注意考虑车间生产设备的印制方式，刮印色浆时，选择合适的刮刀，并控制刮印时刮刀的角度、力度和速度；

③ 采用汽蒸固色要防止水滴滴上花纹处而造成色花不匀；

④ 水洗要充分，防止沾污白地。

➜ 想一想

如何认识处方计算准确的重要性。

➜ 练一练

1. 染色工艺计算题（生产实例）

采取浸染方式打样，每块布重为5g，染色处方具体如下：

活性黄 M-3RE/%（o.w.f.）	0.25
活性红 M-3BE/%（o.w.f.）	1.6
活性蓝 M-2GE/%（o.w.f.）	0.05
元明粉/(g/L)	50
纯碱/(g/L)	20
染色浴比	1：15

（1）活性黄 M-3RE、活性红 M-3BE、活性蓝 M-2GE 的母液浓度分别为5g/L、10g/L、0.5g/L，应分别吸取各染料母液多少毫升？并具体说明如何吸取。

（2）元明粉、纯碱各应称取多少克？

（3）还应再加多少毫升水才能染色？

2. 印花工艺计算题（生产实例）

有一分散染料印花色浆的处方如下，如要配制100kg该色浆，需要用染料、助剂各多少千克？若按1：1将该色浆冲淡，需加入冲淡浆（白浆）多少千克？冲淡后色浆中各染料的质量分数是多少？

色浆处方：

分散红 E-3B	42g
分散蓝 E-4R	8g
防染盐 S	10g
六偏磷酸钠	3g
尿素	50g
海藻酸钠糊	x
合成	1000g

第五章　色彩基础

知识与技能目标

理解仿色打样有关的色彩知识及三原色混色规律；

了解影响织物颜色效果的因素；

学会辨析织物颜色的色彩三属性信息；

掌握颜色间色差的定性和定量表达方法；

掌握调节试样颜色向指定颜色趋同的方法。

本章主要学习与仿色有关的颜色原理和规律。打样人员必须掌握混色的基本原理和规律，训练敏锐地辨别色彩间微妙的色调差异，培养对色彩的感觉及提高用色能力，便于后续仿色工作的进行。了解打样所用染料在织物上所染得的颜色的特点，因为我们所看到的织物颜色实际上是染料颜色和织物本底颜色的综合体现。对于给定的颜色，能够推断出该颜色的浓度（或深浅度）大小、原色组分和用量比例。

第一节　色彩的认识

一、色觉的形成

1. 色觉的形成过程

白天在阳光的照射下，人们面前的世界是绚丽多彩的。而黄昏来临时，这个世界的一切都变得灰暗和模糊。当到了漆黑的晚上，人们不但看不到物体的色彩，也看不清物体的轮廓了。这证明了光是产生色彩的根源，没有光便没有色彩。人们对色彩的感知主要依靠视觉器官的生理功能。不同的物体所反射的光信号不同，光信号进入人们的眼睛后，经过眼睛的聚焦，便在视网膜上形成图像，然后通过视神经把图像信息传输到大脑，最终在大脑中形成了色彩的感觉，也就是色觉。

人在观察色彩时，一方面用眼睛看，另一方面用大脑判断，大脑根据它存储的经验记忆对比识别这些信息，从而产生了色彩感受。因此，人们能够看到的色彩实际上是视觉器官系统（眼睛、视神经和大脑）对光信号进行综合加工处理后的结果。色彩是一种感觉，是光作用于人的视觉器官并在人的大脑中引起的反应。同时色彩也是一种物理现象，不同的色彩所包含的光谱信息不同。产生色觉必须具备三个要素：光、彩色物体、健全的视觉器官系统。

2. 异常色觉

一般情况下，绝大多数人都具有健全的视觉器官，都能准确地辨认各种色彩，色觉正常。但也有少数人由于眼睛的生理缺陷而不能正常辨别各种色彩，这种人被称为异常色觉者，一般分为色盲和色弱两种。最常见的色盲是红绿色盲，红绿色盲者只能看见黄色和蓝色，而红色和绿色都会认为是黄色。色弱者对某些色彩的辨别能力较差。异常色觉者不宜从事与色彩打交道的工作，染整打样人员要求色觉要正常。可以利用色觉检查图来检查自己的色觉情况，图 5-1 为部分色觉检查图样。

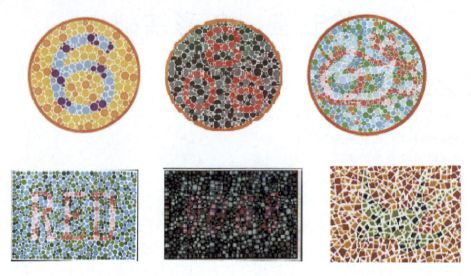

图 5-1　色觉检查图

二、色彩的三属性

色彩既具体又抽象。说它具体，大家都可以看得到，说它抽象，很难用文字具体精确地描述。日常中人们描述色彩都是比较笼统的、大致的。较能详细说明颜色的方法通常包括对色彩的相貌（即色名）、深浅程度和鲜艳程度等三个方面的描述，大多数色彩都同时具有这三个特征。将这三个特征以色相、明度和饱和度进行命名，也称为色彩的三个属性。利用这三个指标，可以定性、定量地描述色彩间的差别。在染整打样的实际工作中，常用色相、明度和彩度对应地描述色差。

1. 色相

色相是指能够比较确切地表示某种颜色、色别的名称，是色与色之间的差别，如红色、蓝色、黄色等，都是色相。色相又名色调、色别，指的是色彩的外观相貌，其实际上反映了色光的波段不同，它是色彩最重要的特征。由于色相只是色彩的三个属性之一，因此相同的色相的色彩看上去可能差异还会非常大。如图 5-2 所示。

图 5-2　不同的红色

所有色彩的色相是有着一定的内在联系的，如图 5-3 色环所示。在色环上可以看出不同的色相之间存在着连续的变化，颜色间渐变过渡，不存在明显的分界和断点。比如通常如果人们说某物体的颜色是红色，就只是一种定性的大致的颜色表达而已，并不是指某个特定的红色。其实属于红色范畴的颜色，如果细分还有许多种红色，从色环中的红色区域可以看得出。

在色环上按顺时针排序是红、橙、黄、绿、蓝、紫、品红、红。在色环上橙色离红色及黄色非常近，说明橙色与红色与黄色有些接近。而黄色、蓝色距离最远，说明黄色与蓝色差异非常大。两种色相在色环圆周上相邻距离的远近便直观地表示出了这两种色相的差异程度。任何一个颜色的色光都有向其相邻的颜色色光偏向的倾向，比如蓝色和黄色，其色相可以偏绿或偏红。认识各个颜色色光的偏向，在染整打样中，便于确定调色的方向。图 5-4 为简化的十二色相环。

图 5-3　色环

→ 想一想

如果我们把时钟与简化的色相环做对比，说说时钟上的每一时点各对应着什么颜色？

图 5-4　十二色相环

一般人的眼睛在正常条件下大约能分辨出 180 种色相。经过色彩专业训练，对色相的感觉敏锐度就会得到提高，一些经常与色彩打交道的人，他们的色相感觉就很敏锐。但是，人眼由于受生理条件的限制，对颜色的分辨能力还是有限的，比如对黄色系列，辨别能力就较差，对于某些浅色颜色间的差别的辨别也较差，往往难以分辨得出。

2. 明度

明度是表示色彩相对明暗程度的特征量，表示来自物体光的强度，实际上反映了有色物体反射光的强弱程度。物体对光的反射越强（或吸收越弱）则明度高，反之则明度低。一定条件下，利用明度的不同可以区别物体颜色的浓和淡（或深和浅），可以近似表示物体颜色的深浅度，即明浅暗深。

自然界的色彩大致可以分为两大类：一类是有彩色，另一类是无彩色。无彩色是指白色、黑色及灰色，也叫非彩色或消色。有彩色指无彩色以外的各种色彩，简称彩色。对无彩色而言，明度就是它们最突出的特征。明度最高的是白色，明度最低的是黑色，中间是各种深浅不同的灰色（可以理解为不同浓度的黑色）。

对于有彩色而言，它的明度差异包含多种含义，需要注意以下几点.

第一，不同色相之间本来就可能会有明度差异。相同浓度下，黄色明度最高，其余依次是橙色、绿色、青色、红色、蓝色，最暗的是紫色。如图 5-5 所示。

图 5-5　不同色相的明度比较

第二，不同色相的色彩可能会有相同的明度，如图 5-6 所示，每行色块色相虽然不相同，但明度却是相同的。

第三，同色相的色彩之间也可能会有明度的差异，如图 5-2 所示。所以实际上颜色的色相、深浅度和鲜艳度都可能会影响到明度的大小，当两个颜色在色相、鲜艳度（彩度）基本接近的前提下，颜色明度高低可以近似等效表示颜色浓度的大小。

图 5-6　不同的色相　相同的明度

3. 饱和度

饱和度也称为彩度、纯度或鲜艳度，用来区分颜色的鲜艳程度，可以理解为颜色中有色成分和消色成分的比例。有色成分越高则颜色越纯，消色成分越高则饱和度越低，如果黑色成分越高则颜色越灰暗（或说越钝），其实际上反映了色光波段的纯洁性。色彩越鲜艳，饱和度就越高，而黑、白、灰等无彩色则没有饱和度和色相的区别，只有明度区别。如图 5-7 所示，在图中，从左到右色样的饱和度降低。

图 5-7　饱和度的比较

如果在任何一种纯色中，不断地加入黑、白、灰等"消色"，那么就会降低该种色彩的饱和度。在图 5-8 中所示的上下两行绿色中，不断地加入白色和黑色，可以看出，绿色的饱和度都在不断地降低，图中最右边的一列两个色块饱和度都非常低，但其明度却相差得非常大。所以彩色一旦偏"白"或者偏"黑"，彩度都会降低。在染整打样中，彩色偏"白"，等同于浓度降低，而彩色偏"黑"或"暗"，则认为色彩钝，即不够鲜艳。

图 5-8　绿色饱和度的比较

色相、明度和饱和度是色彩最重要的三个参数，它们从不同的侧面反映着色彩的特征，每个特定的色彩都有对应的参数组合。色相决定颜色的质，亮度和纯度都是量的变化。当其中一个属性发生变化时，另外两个属性也可能会随之发生变化。比如：当某个色相的明度发生变化时，它的饱和度也会改变；而不同色相之间本身就有明度和饱和度的差异，当色相发生改变时，明度和饱和度自然也会产生变化。两个颜色完全相同，则两者的色相、明度和饱和度完全相同；如果两个颜色有差别（即色差），则可能色相、明度和饱和度（彩度）间存在差别。

　　色差可以用肉眼大致判断,定性描述。有的一目了然,有的则差之毫厘,需要仔细辨别。色差也可用专用仪器测量,用色差值 ΔE（两个色彩在 $L^*a^*b^*$ 色空间中坐标点之间的直线距离）定量表示。染整打样中的对色就是基于这个原理进行的。色差值 ΔE 非常直观地表示出了两个色彩在视觉上的差异。从图 5-9 中可以看出:色差值越小,色彩间差异就越小,反之则越大。当 $\Delta E=0$,两个色彩外观相同;当 $\Delta E=1$ 时,大多数人都看不出两个色彩之间有什么差别了,但随着色差值的增大,色彩间的差异也越来越大。表 5-1 反映了色差大小在视觉感受上的差异。

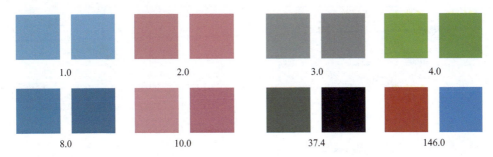

图 5-9　色差大小和视觉感觉图

表 5-1　色彩色差大小和视觉感受

色差大小	视觉感受	色差大小	视觉感受
$0<\Delta E\leqslant1.0$	差异难以察觉	$3.5<\Delta E\leqslant5.0$	差异较大
$1.0<\Delta E\leqslant2.0$	差异很小,专业人员能分辨	$5.0<\Delta E\leqslant12.0$	差异很大
$2.0<\Delta E\leqslant3.5$	中等差异,一般人能察觉出来	$\Delta E>12.0$	截然不同

　　如果要把两个有色差的颜色调节成相同的颜色,在固定一个作为标准后,根据两色间色相、明度和饱和度三个参数的差别情况,分别调整另一个颜色的色相、彩度和明度,可以逐步调整使颜色趋同。

　　教师向学生展示用颜料涂绘的两个有明显色差的颜色,然后选定一个做标准,再把另一个的颜色调节到与标准的相同。

📖**阅读材料**　☆ **色差在 $L^*a^*b^*$ 色空间中的含义**

　　1. $L^*a^*b^*$ 的含义

　　L^*、a^*、b^* 是 CIE1976$L^*a^*b^*$ 标准色度系统的三个变量。

　　L^* 表示明度,它的数值范围在 0（黑）～100（白）之间,所有无彩色都位于 L^* 轴上,因此 L^* 轴也称灰度轴或明度轴;$+a^*$ 轴表示红色的量,$-a^*$ 轴表示绿色的量,a^* 轴又称红绿轴,$+b^*$ 轴表示黄色的量,$-b^*$ 轴为蓝色的量,b^* 轴又称黄蓝轴,如图 5-10 所示。

　　色相和饱和度通过 $L^*a^*b^*$ 数值中的 a^* 和 b^* 表示,这两个数值既可以是正值,也可以是负值,无彩色的 a^*、b^* 值为零。

　　2. 色差的含义

　　在染整生产中,常常将试样与标样进行对色,如果两者色差看上去有差别,则称这两个色彩之间存在着色差，色差用 ΔE 表示。色差包括了色相差、明度差和彩度差。两个色彩在 $L^*a^*b^*$ 色度系统中的位置如图 5-11 所示，所以色差其实就是表示两个色彩在 $L^*a^*b^*$ 色空间中坐标点之间的直线距离。求色差也就是求两个坐标点之间的直线距离，如图 5-11 所示的 A、B 两点。

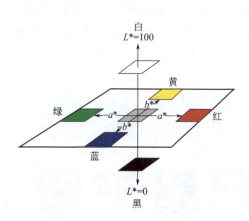

图 5-10 $L^*a^*b^*$ 色度系统坐标图

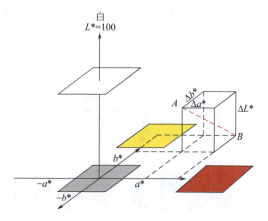

图 5-11 色差的含义

三、色彩的心理现象

色彩心理现象是指客观的色彩世界在心理上引起的主观反应。不同色相的色彩作用于人的视觉器官系统产生色感的同时还导致某种情感的心理活动。

有些色彩如红色、橙色、黄色等，容易使人联想起温暖的东西，如红色的炉火、金色的太阳；而另外的一些色彩如青色、蓝色等则会使人联想到冰雪海洋等冰冷的物体，给人以凉爽或冰冷的感觉。不同的色彩会给人们带来不同的感受。不同的人对色彩的感受也不完全相同。

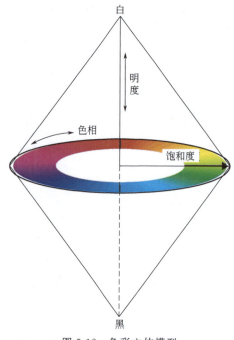

图 5-12 色彩立体模型

四、色彩基本感觉培养

（1）如果把色彩的三个属性作为色彩的三个参数作一个双锥色彩立体模型，那么所有的色彩都可以在该模型中表示出来，如图 5-12 所示。

在这个立体模型中，中央纵轴表示色彩的明度，也称明度轴、灰度轴，上方的顶点表示白色，下方的顶点表示黑色，自上而下明度降低。过明度轴每一点所作的水平剖面，同剖面上所有色彩的明度都相等；剖面图上沿圆周的方向变化表示色彩色相的变化；由明度轴向圆周外色彩的饱和度逐渐增大，圆周上色彩的饱和度最大。

任何一个色彩都可以首先根据其明度找到相应的水平剖面，然后再根据色相及饱和度找到它对应的空间位置。颜色一定，则其明度、色相、彩度三个参数一定，在色空间坐标就一定。也就是说，两个颜色一样，则在空间坐标相同，色差 $\Delta E = 0$；

如果两个颜色有差别，则两色在空间的坐标点不同，色差 $\Delta E \neq 0$。

（2）色差的感觉与描述

染整打样常常将试样与标样进行对比，观察色彩是否一致，习惯称为对色。若两个色彩看上去有差别，则称这两个色彩之间存在色差。色差可从色相、明度和彩度等方面去判断。色差可以定性描述，也可以定量表达。色差可以人眼判断，也可机器测量。相同的色差表示色彩在视觉上的差异也是相同的。例如图 5-13 中三组色块色差相同（$\Delta E = 10$），虽然它们的色彩不同，但看上去会感觉到色块间的差异差不多。染整打样采用灰色卡比色来判断色差级别就是这个原理。

 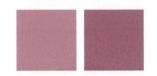 

图 5-13　色差值相同视觉差异相同

（3）任何一个彩色均有明度、色相、彩度信息。人的眼睛对色相最敏感，其次才是彩度，而对明度较迟钝。也就是说，如果给出两个颜色，要判断这两个颜色的色差，则色相差别最容易判断，其次才是彩度的差别，明度（或浓度）差别就较难判断。当两个颜色的色相、彩度相同或相近时，它们的明度的差别实际就是颜色的浓度差别。也就是说，在一定条件下，用颜色的浓度差别可以表示明度的差别。同色相同彩度的颜色浓度容易判断，不同色相彩度的颜色浓度不易判断，特别是灰彩系列色（饱和度低的彩色），往往从颜色的明暗度来粗略判断其浓度大小，明者较浅（淡），暗者较深（浓）。如图 5-14 所示。

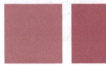

图 5-14　颜色浓度的判断

→ 试一试

教师分别展示几组不同色差的布样给学生观看，体会不同色差的含义并尝试描述色差。

（4）染整打样的实质就是快速准确找出处方中原色染料的含量和配比，染成与标样一致的颜色。为了简单起见，打样时布样颜色的明度信息可以用染料浓度指标来表示。近似用色相、彩度、浓度来表示颜色的三属性，便于打样时描述颜色及其差别。由于原色染料的含量和配比直接影响到所混得颜色的色相、彩度、明度。因此必须要了解原色色料的配比和用量与所染得颜色的色相、彩度、明度等效果的对应关系。

→ 看一看

教师向同学们展示不同组合配比的染料所染的织物色卡。

（5）把两个布样颜色对比来判断它们间的色差，一般先通过颜色的明暗差别粗略判断颜色的浓度差，然后再比较色相差，看颜色的色光（即色相）偏向和纯度（即彩度）高低，这样就能大致判断两色的色差了。如果能够把色差距离的大小用具体的数量表示（习惯用差别的"成"数来表示），就能把两个颜色的差别定量地表达出来。如果要把一个试样颜色调成与给定色一样，可以先粗调色相和彩度，保证色相、彩度接近的基础上再调节深浅度（浓度），当浓度接近后，再细调整色相，此时调整所用的色料增加或减少不多，人眼不易感觉出深度的变化，但色相的变化就明显地体现出来了。

仿色打样的关键首先是懂得辨析颜色，熟悉颜色中色相、彩度、浓度信息，能判断颜色的差别并会量化色差。掌握了两色间色差的定性描述与定量表达，就方便与客户沟通。

在染整打样上常用色光偏向、颜色的纯度和深浅来描述一个试样色与标样色的差别。由于颜色是连续无限的，而染色档案样或者色卡样的颜色数总是有限的，因此，来样总会与色卡样间或多或少存在色差。所以，染整打样的从业人员，培养对色差的判断能力以及色差距离的量感很重要。

➡ 试一试

教师向同学们展示几组不同色系的布样让同学们尝试描述色差。

（6）色彩感觉训练

① 在图 5-15 给定的相同色相色彩中，请按明度从高到低排序，按浓度从深到浅排序。

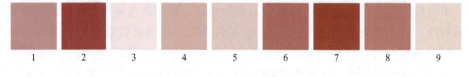

图 5-15　相同色相色彩

② 在图 5-16 给定色彩中按饱和度（彩度）从低到高排序。

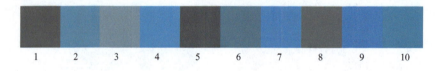

图 5-16　饱和度排序

③ 在图 5-17 色标中找出灰色。

图 5-17　色标

④ 试描述图 5-18 中四组色彩的差异。说明右边的色彩比左边的色彩亮还是暗，饱和度高还是低，色相的偏向（比如偏红、偏蓝、偏黄等描述）。

图 5-18　四组色彩的差异

⑤ 将图 5-19 中色块按色彩接近程度进行排序，并将色块序号填入表格。

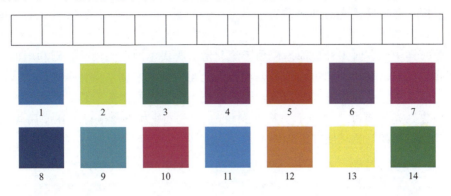

图 5-19　色块

⑥ 仔细观察图 5-3 色环，体会色相变化规律。

⑦ 仔细观察图 5-12 色彩立体模型，体会色相、明度、饱和度的区别和联系。

 想一想

你对辨别颜色间的差别有什么体会？

第二节　颜色的混合与分解

一、加法混色

定义：两种或两种以上的色光同时反映于人眼，视觉会产生另一种色光的效果，这种色光混合产生综合色觉的现象称为色光加色法或色光的加色混合。

加法混色是光的混合，其实质是光能的叠加，叠加的色光越多，亮度越大。

CIE 将色彩标准化，正式确认色光三原色为红、绿、蓝（蓝紫色），红、绿、蓝为加法混色的三个原色光，加法混色后，颜色的亮度增加。如图 5-20 所示。

图 5-20　加法混色图

红、绿、蓝三种色光以适当比例混合可以得到白光。在可见光范围内，某一波长的光与另一波长的光，以适当的比例混合得到白光，则这两种色光称为互补色光即补色。

　　三原色光中的一原色光与另外两原色光混合而成的二次色光的关系是互为补色的关系。对应于红、绿、蓝三种色光的补色是青、品红、黄，见图 5-21 加法混色图所示。每对补色光均包含了三原色光。

　　在染整打样中，有时将补色原理应用于淡、艳、明快色的色光调整，即利用加入的同色调染料所带色光与需要消去的目标染料偏重的色光互为补色来调整染料色光。

　　如有一蓝色染料红光偏重，要消除红光，可加入带青光的蓝色染料，利用红光与青光的互补关系消去红光的同时，增加了织物上颜色的亮度。因为红光与青光在眼睛里以加法混合，所以感觉织物的颜色较明亮。如图 5-21 所示。

图 5-21　补色原理示意图

二、减法混色

　　两种或两种以上的色料混合后会产生另一种颜色的色料的现象，称为减法混色。

　　色料之所以能显色，是因为物料对光谱中色光有选择吸收（即减去某种颜色）和反射的作用。

　　减法混色是有色物质的混合，实质是反射光的减少，混合的有色物质组分越多，反射光则越少，混合物颜色越暗。如图 5-22 所示。

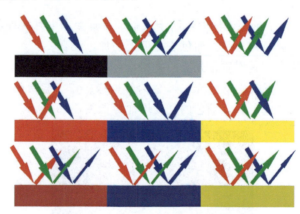

图 5-22　选择吸收反射示意图

　　染整配色打样是以减法混色原理为主要依据的。减法混色的标准三原色是红（品红）、黄（柠檬黄）、青（湖蓝），也即印刷行业常用的品红、黄、青三原色。对于印染行业，习惯使用红色、黄色、蓝色作为三原色，由于现实很难找到理想的纯红色、黄色、蓝色染料，所以通常使用的三原色是指接近于纯黄色、纯红色和纯蓝色的染料，与标准的减法三原色相比有一定的色差范围。因此，在进行仿色打样时，必须要了解所用的三原色染料的单色颜色特点、双色混合以及三色混合所得颜色的效果。品红、黄、青三原色和红、黄、蓝三原色的混色效果如图 5-23 所示。减法混色后颜色的亮度降低。三个原色以适当比例混合后理论上可以得到黑色。

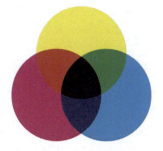

标准三原色黄、品红、青混色效果图　　　染料三原色红、黄、蓝混色效果图

图 5-23　减法混色图

如果两种色料混合产生黑色，则这两种色料叫色料互补色或余色。

三原色中的一原色与另外两原色混合而成的二次色的关系是互为余色的关系。如对应于原色黄、品红、青的余色是蓝、绿、红，对应于原色红、黄、蓝的余色是绿、紫、橙，见图 5-23 减法混合图所示。每对余色均包含了三原色。在十二色相环（图 5-4）中，每个颜色与它的对角色均构成余色关系。

在染整打样中，余色原理主要应用于浓、暗颜色的色光调整，是通过加入微量与需要消去的色光互为余色的染料来进行的。

比如有个染料的红光太重，可加入微量的另一绿色（或青色）染料来吸收红光，但同时降低了织物上颜色的亮度（变暗）。如图 5-24 所示。

图 5-24　余色原理示意图

三、颜色的混合

对于色光，如果颜色外貌相同，则不管它们的光谱成分是否一样，在色光混合中都具有相同的效果，这叫颜色混合代替律。代替律告诉我们，凡是在视觉上相同的颜色都是等效的，相似色混合后仍相似。

例如：如果色彩 A＝色彩 B，色彩 C＝色彩 D，那么：色彩 A ＋ 色彩 C＝色彩 B ＋ 色彩 D。

代替律表明：只要在感觉上色彩是相似的，便可以互相代替，所得的视觉效果是同样的。

设 A＋B＝C，而 B＝X＋Y，那么 A＋（X＋Y）＝C。这个由代替而产生的混合色与原来的混合色在视觉上具有相同的效果。

对于色料混合，也有相同的混合代替律。

色光（或色料）混合的代替律是非常重要的规律。根据代替律，可以利用色光（色料）相加的方法产生或代替各种所需要的色光（或色料）。在染整配色打样中经常应用到这个原理。

四、颜色的分解

1. 颜色的分解

将一个颜色所含的三原色组分含量分解出来，称为颜色的分解。根据颜色所含三原色的情况，可以分为如下。

（1）原色　纯净、明亮，不能分解，如三原色。

（2）二次色分解　用两种不同的原色相拼可得到橙、绿、紫色，称它为二次色。每一个二次色均含有两个原色。根据颜色的色相、深浅较容易判断原色的组成与分量。

（3）三次色分解　三次色往往为灰彩，用两种不同的二次色拼合，或是任意一种原色和黑色或灰色相拼得到三次色。每一个三次色均含有三个原色，或含有一个原色与黑色（灰色）。根据灰彩的颜色偏向与深浅度可以判断三原色的含量。

单色、二次色、三次色关系：

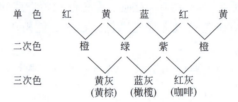

因此，任何一个颜色，都可以用红、黄、蓝三原色来表达，或者说可以用红、黄、蓝的原色组合以适当的分量比例混合构成，这就是三原色拼色的基本原理。三原色以等量或不等量混合，可以得到多种不同的颜色，其中，含量较多的组分称为主色，含量较少的称为副色（或次色）。如果给出一个颜色，打样员要能大致推断其中的红黄蓝的成分与含量。再进一步，给定两个颜色，能大致判断两者的色差的数值大小。要做到这一点，必须对所使用的各类染料三原色的单色特点以及混色效果要有足够的了解，这样才能快速准确地确定染料组成和用量，进而调整色光。一般可以通过建立染料染色色卡来进行这方面感觉的培养。

实际上，商品染料难以做到纯的红、黄、蓝三原色，或者说，表面是单色的原色染料，其实或多或少还会含有其他另外两种原色。因此，打样人员对所用的三原色染料的色光特点（色相偏向和原色组分比例）要熟悉。不同厂家生产的三原色，这种色份比不同，配色者要注意了解和体会。

2. 色彩训练

（1）在图 5-25 混合色中包含了二次色和三次色，设三原色为红、黄、蓝，请完成下列任务：

图 5-25　混合色

① 找出三次色。

② 说明二次色中有哪些原色，并说明其原色量的大小关系，例：色块 2-二次色-蓝＞黄。

（2）在图 5-26 中颜色中找出原色、二次色和三次色，如果三原色分别为红、黄、蓝和黄、品红、青，比较两者结果有何异同。

图 5-26　原色、二次色和三次色的区分

（3）尝试用电脑（建议使用 CorelDRAW 画图软件）或颜料将图 5-27 中给定的颜色调节出来。

图 5-27　颜色调节训练

（4）在图 5-28 中把左边的色块与右边的颜色分解结果连线。

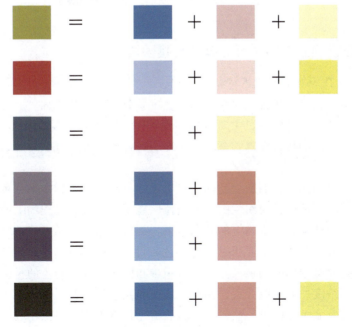

图 5-28　颜色分解训练

（5）试描述图 5-29 中两组颜色的色差（用颜色偏向、纯度、深浅来描述）。

图 5-29　两组颜色的色差

（6）试分析图 5-30 中各颜色的主色和副色。

图 5-30　主色和副色分析训练

➜ 试一试

1. 试试辨析你和同学们的所穿着衣服的颜色，主色是哪个原色，次色又是哪个原色？
2. 教师展示几组不同色光的布样，让学生描述布样的色差。

第三节　染料的颜色与织物颜色

一、染料在织物上的颜色特点以及影响因素

1. 颜料与染料在织物上的得色特点

颜料由于对织物没有直接性，对织物的着色主要分布在织物表面，并且由于颜料对织物本底有遮盖作用，我们看到的颜色主要是颜料的本身颜色，织物本底颜色对颜料颜色影响不大。所以颜料在织物上的得色特点，就是所见即所得，即是混合什么得什么，混合多少得多少的直接对应关系。

而染料能够上染织物，我们所看到的染料着色即是综合了织物本底颜色和染料颜色特点的织物颜色。由于不同的染料对织物的上染固色性能不同，染料在织物上的得色结果要受到很多因素的影响，因此染料在织物上的得色结果与染料的用量并不是简单的叠加关系。要进行染料着色的得色效果对比，就要相对固定着色条件（即获色工艺）。然后采取不同染料浓度来进行染色，建立基于标准着色工艺的染料用量和固定织物的着色的得色效果来进行染料用量和得色结果（浓度）的对应关系，并且要认识和熟悉这种关系，有利于打样时对染料组分和用量的判断以及调色。所以，颜料和染料的给色特点不同，在织物载体上得到的颜色效果与投入的色料分量配比的对应性不一样。颜料配色具有直观即得的得色特点，比较适合色

彩知识教学的应用。

2. 染料颜色

染料颜色根本上受染料的种类结构影响。种类一定，其化学结构就一定，则染料的颜色就一定。但是，对于商品染料，情况就复杂一些。不同厂家、不同品牌，因染料生产工艺、添加剂不同，同类型的染料颜色也不尽相同；哪怕同厂家品牌，不同批次，染料颜色也有可能不同；就算同批次，由于开封使用时间不同，因染料吸湿也会导致颜色不同，所以要加以注意。

染料在溶液状态的颜色会受染料浓度、温度、电解质、溶液 pH 值、助剂等的影响。

染整企业为了稳定染品色光，一般对进厂的新染料，都与标准样品做平行染色试验，对其颜色效果做到心中有数。

二、织物颜色及其影响因素

织物经过染色后得到了颜色，这时的织物颜色，并不是单纯的染料颜色。由于染料上染了织物，所以这时人们看到的织物的颜色即是综合了染料、织物本底和环境等因素的颜色。染料种类和浓度、纤维材料、织物结构、混纺比、纤维细度、织物本底白度、织物温度、含潮率等都会影响到织物的颜色。

配色打样，应尽量采取试样与来样相同、小样与大货相同的物料，以消除物料不同造成的颜色差，减少影响得色效果的因素，利于分析色差原因及颜色的调整。

→ 试一试

1. 分别展示涂料和染料着色织物，观察得色效果有何不同。

2. 展示由同一活性染料的染料固体、染料溶液和染色织物的颜色效果，感觉有何区别。

3. 教师向学生展示两块由不同白度同样工艺染色织物的颜色情况，分析得色差别。并观察织物逐渐受潮后织物颜色的变化。

第六章　仿色方法

了解影响织物仿色的准确性和重现性的因素；

理解颜料和染料仿色的特点；

学会三原色和非三原色调色方法；

掌握仿色基本原则。

要进行仿色打样，首先要了解所用色料的色光特点和着色机理，因颜料和染料的着色机理不同，在着色载体上得到的颜色效果与投入的色料分量配比的关系不一样。其次，要分析标样的色光特点，推测出标样的颜色浓度及其所含原色的配比。然后推断试样与标样的色差，分别对颜色的深浅、色光偏向程度以及颜色鲜艳度等差距进行分析。原色、二拼色、三拼色色差判别的特征不同。对于明暗度、彩度的变化的判断尽量以量化表达（即多几成或少几成等）。要熟悉各类染料的三原色混色效果。在实践中多进行调色修色训练，培养对颜色量的感觉。

打样常用到的概念如下。

颜色浓度：即颜色浓淡（深浅）的程度。

原色浓度：即给定颜色中包含每个原色的分量多少。

色分比：或叫色相值，即某个颜色中所含的单个原色浓度（分量）与这个颜色总浓度的比值。

第一节　颜料仿色方法

一、颜料仿色的目的

由于颜料仿色效果即得直观，便于对色彩知识和色彩混合规律的感性认识。通过颜料仿色调色训练，可以方便了解原色混合后所得颜色的结果以及改变原色分量后颜色变化的情况，培养判断色差距离感和调色方向的能力，为染料仿色打下基础。

二、颜料仿色方法

首先要了解所用颜料原色的颜色特点（色相、色光情况和颜料浓度），然后对给定颜色进行辨析和分解，并推测三原色含量，初步分析主色成分和次色成分，再用颜料拼混验证。颜料的混合调色方法如下。

（1）先粗调色相和彩度，在接近后再调浓度，当浓度近似后再反过来细调色相和彩度。

（2）开始调色时先加用量多的原色（主色）。

（3）用量少的原色要少量或微量多次小心添加，特别是浓度较大的原色颜料，由于它的着色力大，哪怕稍微过量，调整起来要加较多的主色料。边加边搅拌，随时观察颜色的变化。

（4）感觉颜色接近或相同了，可以在载体上涂抹调好的颜色，待颜料干了再进行比色。

颜料调色要注意：

① 使用的原色只数越少越好；

② 一定要使用与色样上相同的颜料原色；

③ 微调时，不得随意添加原色，要对颜色进行正确的分析和判断后有针对性地添加，否则不易调好。

④ 要进行微调时，必须要准确判断颜色的偏向、颜色深浅、艳度，哪种原色过多或过少。

三、颜料仿色练习常用色标

建立分别由颜料三原色红、黄、蓝以单色、双色、三色组合随不同浓度变化的色标，体会三原色不同组合和配比所得颜色的色相、彩度、明度的变化。

单色色标：认识所用颜料的色光特点，着色能力大小。

双色组合色标：认识混合后得到的橙、紫、绿色特点及其色相偏向。

三原色组合（灰彩）色标：认识灰彩及其变化的特点。

➜ 练一练

1. 用红、黄、蓝三色颜料作为三原色，在白纸上将橙色、绿色、紫色拼调出来，并注意观察不同分量的三原色所配出的颜色有何不同。

2. 用红、黄、蓝三色颜料作为三原色，在白纸上将每个三原色的余色拼调出来，然后再将两个互为余色的颜色相加，观察所拼调得的颜色有何特点。

3. 用红、黄、蓝三色颜料作为三原色，在白纸上画出相应的减法混色图。

4. 教师可根据实际情况，展示几个色样让学生练习。

第二节　织物颜色仿色方法

一、织物颜色仿色特点

织物颜色是由染料上染织物后得到的颜色。由于染料从染液中上染到织物并在织物上固色要受到许多因素的影响，所以最终在织物上获得的颜色浓度和颜色组分的比例就可能与最初投入到染浴当中的染料浓度和染料组分比例不同。也就是说，染料在织物上形成的颜色并不是简单的所见即所得。此外，染料在织物上形成的颜色表现还受到诸多因素的影响，比如织物的结构、湿度、温度、织物本底颜色白度等。因此，要进行织物的仿色，重要的前提就是把打样所用的织物、染化料、着色的方法（即染色或印花工艺）与标准样尽可能地相同或接近，然后把仿色工作主要集中在对染料配比用量上进行调整。因此，织物的仿色打样的核心工作实际上就是在明确了织物、染料、着色工艺后，主要寻找着色处方也即染料配比和用量，染得与标样一致的颜色。

二、织物颜色仿色方法

了解了织物仿色的特点后，织物颜色仿色方法的工作思路就清晰了。所谓仿色，包括从指定作为染色目标的颜色开始，选择用于产生该颜色的染料组合（配方），确定染色方法和进行染色工艺的管理，然后对色及调色。对给定的标准样，先明确织物材料和结构特点、染料种类和着色工艺，再重点放在颜色的辨析上，掌握标样颜色的浓度、色相以及彩度特点，初步推断颜色总浓度和原色含量；再从历史档案中寻找相近颜色的处方，视情况进行必要的调整，就可进行仿色操作了。每次仿色结果均与标样进行对比，进一步找出差别以调整处方，经过多次仿色即可达到目标。

染整仿色打样根据所用染料颜色组合的不同，可分为三原色调色和非三原色调色两种方法。

1. 三原色调色方法

三原色调色是目前最普遍的方法，而且较多客样也是常用三原色以不同的比例混合拼成，常用染料的三原色是红、黄、蓝。一般的染料厂商都会根据各染料的直接性、移染性、扩散性、提升性、反应性等指标推荐不同染色深度的三原色组合，如浅色用浅三原色拼色，深色用深三原色拼色。

2. 非三原色调色

三原色理论上能配出多种颜色，一般情况下可以采取三原色拼色，但有时碰上以下一些情况，比如染料的选择，有时遇上为提高大货生产的稳定性，或某只染料色光已与客样比较接近，只需加少量其他染料调整即可达到客样色，或客户对同色异谱的要求高而用三原色做不到等情况，可能会选用非三原色拼色或部分选用非三原色拼色。按拼色的减法原理，非三原色的染料色光可以理解为由只数不等的三原色染料拼合而成。在实践中非三原色染料色光一般都可由多只三原色染料拼色而成，比如大红色可由三原色的黄约 20% 加三原色的红约 80% 拼合而成。因为各个染料厂商生产的染料色光、力份、提升力各有不同，所以实践中可以用三原色染料打样调色到某一非三原色染料色光，以把握非三原色染料色光中包含的各三原色色光的比例含量，为非三原色的高效调色打下基础。将非三原色染料的色光成分解析清楚后，就可以按三原色的调色方法来调色了。

 ☆ 同色异谱现象和"跳灯"

当照明条件发生变化或是环境发生变化时，同一物体所呈现的颜色可能相同也可能不同，这就是所谓的同色同谱和同色异谱现象。若两个颜色试样在任何光源下观察都完全等色，则称为同色同谱。如果两个试样在某一光源下观察是等色的，而在另一种光源下观察是不等色的，则称之为同色异谱。也就是说，同色异谱性质的颜色在太阳光、日光灯、钨丝灯等光源下观察，看起来是不一样的，即产生所谓的"跳灯"现象，这就为对色工作带来很多的不便。在实际生产中，常因对色光源不同给企业与客户之间造成了很多的分歧。

"跳灯"现象的本质就是两个色样对光的吸收、反射特性的不同，往往是两个颜色的配方不同造成的。明白了这个道理，在生产上要注意客户的要求以及克服"跳灯"现象。

三、仿色基本原则

染整打样主要使用染料或涂料进行配色，遵循减法混色原理，在掌握有关染色和色彩的基本知识的基础上，必须熟悉下面的基本原则及注意事项。

1. 染料类型相同

用于配色的染料应尽量选择同厂家、同牌号、同类型的染料，以利于染色工艺的制定和操作。对于混纺或交织的织物染色，需采用类型不同的染料拼混时，要充分考虑染料、所用助剂的相容性以及染色条件的一致性，否则染液不稳定，染色工艺不易操控，且色光难控制，重现性也不好。

2. 染料性能相同或相近

配色用染料的染色性能（如直接性，上染温度、上染速率、扩散性，染色牢度等）要相近，否则染色效果的重现性差，色光不易相同，服用过程中易出现褪色程度不同等现象。拼色时应优先考虑选用三原色染料，因为各类染料的三原色通常是经过精心筛选的应用性能优良且应用性能一致的染料。但有些鲜艳的颜色一般无法由三原色拼混而得，而是由染色性能相近的具有鲜艳颜色的染料拼色得到。例如要拼混一个鲜艳的绿色，一般只能用"嫩黄＋翠蓝"。

3. 配色染料的只数越少越好

配色染料的只数宜少不宜多，一般最好不要超过三只染料，以便于调整和控制色光，以及保证得色的鲜艳度。如果做主色的染料本身是由几只染料拼混而成，那么尽可能选取拼混主色染料的成分做拼色的染料，以减少拼用染料的只数。

4. 灵活运用余色原理调整色光

所谓余色原理是指互为余色的两种颜色，可以相互消减的现象，即互为余色的两种颜色相混合能得到黑色。例如一个绿光蓝色，经拼色打样后认为绿光太重，为了消减绿光，就可以加一点绿色的余色（即红紫色染料）来消减。但值得注意的是，因为余色消减的结果是生成黑色，所以余色原理只能用来微量调整色光，如果用量稍多就会影响色泽深度和鲜艳度，甚至影响到色相。对于大红、果绿、翠蓝等鲜艳度要求较高的颜色，拼色时尽量避免加入它的余色，否则会导致亮度和鲜艳度下降，使颜色变灰暗。

采用三原色拼色时，调色方向较直观，但还要注意余色的问题，即两个原色相加所得的二次色与另一个原色会含有互为余色的成分。

5. 遵循"就近出发"、"就近补充"、"一补二全"、"多方供给"的原则

就近出发：如拼一绿色时，可采用"黄色＋蓝色"拼混得到，如果条件允许的情况下，也可选择一只比较合适的绿色染料作为主色，即从"绿"出发，然后再根据这染料的色光情况选择黄色或蓝色染料来调整色光。

就近补充：如拼一带红光的蓝色时，可以不选用"蓝色（主色）＋红色（副色）"拼混得到，而是选择与蓝色（主色）相近的带红光的颜色（如紫色，做副色）来补充红光。

一补二全：如拼一军绿色时，可以不选用"绿色（主色）＋黄色（副色）＋灰色（副色）"拼混得到，而是选择"绿色（主色）＋暗黄色（副色）"拼混，使军绿色中的黄色成分由暗黄色来提供，同时暗黄色还补充了军绿色中需要的灰色成分。

多方供给：如拼军绿色时，也可以选择"暗绿色＋暗黄色"来拼混，使军绿色中的灰色成分由暗绿色和暗黄色双方来提供。

6. 注意实践积累

调色人员应对常用染料进行单色分析，了解染料颜色特点、力份等，做出由浅中深各种不同比例、不同组合的色样。同时还要注意染色工艺条件（例如温度、助剂用量）的波动或变化等细节对布样色光的影响。另外，对每批量业务的色样、成分、比例记录存档，便于后

面的打样寻方。

　　总之，拼色是一项比较复杂而细致的工作，除了掌握必备的理论知识外，还需要积累丰富的生产实践经验，才能提高辨色的能力和工作效率。

四、染料仿色常用色标

　　染料颜色在织物上表现出来才有实际意义，而织物颜色综合了染料、织物和环境因素。为了了解三原色染料不同组合配比的得色变化情况，便于以后的仿色工作，通常选用生产常用的三原色染料分别建立不同浓度的单色样卡、二次色样卡和三次色样卡。因三原色组合配比不同，所得的色样的色相、彩度和明度的变化则不同。

　　1. 单色样卡

　　分别将红色、黄色、蓝色以一定的浓度梯度变化来染样，得到浓淡变化系列单色。可以了解染料给色的特点、力份，体会染料使用浓度的高低与染得颜色浓淡的量感关系。

　　2. 二次色样卡

　　分别以红色、黄色、蓝色两两组合，以一定的浓度梯度变化来染样，得到橙色、紫色、绿色等色系的色标，它们的色相、浓淡均有变化。熟悉二拼色得到的色相特点，体会不同染料的组合浓度配比与染得颜色的色相偏向以及颜色浓淡量感关系。

　　3. 三次色样卡

　　以红色、黄色、蓝色三原色组合，分别变化原色的配比，得到彩度、灰度、色相、明暗度不同的色标。了解主色次色对颜色深度、色相和鲜艳度的贡献及影响，体会三原色染料不同的组合浓度配比与染得颜色的色相偏向、颜色纯钝以及颜色浓淡的量感关系。

➡ 试一试

　　教师根据实际情况分别展示单色样卡、二次色样卡和三次色样卡让学生观看，然后以单色样、二次色样和三次色样各若干块让学生定量描述色样中原色的含量（浓度）。培养学生的颜色辨析能力和颜色量感。

五、影响织物仿色的准确性和重现性的因素

　　仿色打样的根本目的在于大货生产，仿色的准确性和重现性直接影响到大货生产的效率，意义重大。了解影响织物仿色的准确性和重现性的因素，对提高打样和生产效率有着重要意义。

　　1. 影响准确性的因素

　　打样是一门对操作准确性有着较高要求的技术性工作，其准确度除了所用物料（如织物、染料、助剂）及打样水质、工艺条件（温度、时间）等因素有关外，还与打样员的操作水平及工作责任心有着密切的关系。打样员要做到精准、规范、严格，以减少操作误差。影响打样误差的主要因素包括如下内容。

　　计量因素：物料称重、液量吸取等；

　　织物因素：织物的材质结构、织物的前处理、织物的吸湿吸水性、织物的来源等；

　　染料因素：染料的选择（配伍性）、染料的贮存、化料和配液等；

　　工艺因素：染色工艺、染色操作、浴比等；

　　设备因素：设备性能、操作等；

颜色管理因素：色彩应用能力、对颜色的判断、对色的方法等。

2. 影响重现性的因素

染色打样、放样重现的重要前提就是染色工艺和实施要一致性和规范化，不能随意性。要计量准确，操作规范标准，尽可能按大货生产的工艺条件来制定工艺和操作，对不一致的因素要有修正的措施。要重现打样质量，就要抓好打样用布的准备，染化料选择，打样操作，配方的制订以及提高打样人员的责任心等方面的工作。

影响染色打样重现性的因素很多，但要重点做好以下几点：

① 控制化验室打样、复样用布的前处理程度尽量与生产现场一致，最好直接从车间取用；

② 选择配伍性、重现性好的染料组合；

③ 准确控制工艺参数和工艺条件；

④ 选择合适的染色工艺，且确保化验室打样、复样所用工艺与生产现场尽量一致；

⑤ 计量准确，操作规范标准。

除此以外，还要对水质要求、助剂用量、温度、时间、浴比、皂洗充分以及烘干方法等严格控制。

此外对色环境条件也是影响重现性的一个重要环节。要尽量消除操作误差，使导致色差的因素主要归结为染料量及助剂量的因素，这样尽量通过只调整配方就可达到目的。

第三节　织物仿色的一般工作过程

仿色打样一般都在化验室里进行。在注重打样速度的同时，要加强工作程序管理，提高生产效率。仿色打样的一般工作过程为：

审样→准备打样用布→读色→选择染料→制定试样工艺→确定试样处方用量→试样实验→色泽评定→处方用量调整→试样再实验→直至色差在许可范围→送样审批→复样→［放样（中样或大样）→处方调整至符合大货生产要求］。

具体的工作内容大致有：审样，了解并确定纤维材料的属性；根据纤维材料属性，选择与之相对应的染料，并制订相应的工艺流程和工艺技术条件；收集本厂（公司）各染料色样卡的技术资料，然后将来样与之比对，寻求相近似的颜色；根据本厂（公司）的生产条件，初步确定仿色的工艺条件及其工艺处方；试验用样品的剪取；染液配制或色浆调制；染色（印花）操作；对色调方。一般情况下，小样颜色最终由下单客户确认，工厂不能擅自确定。客户审批合格的试样颜色反馈到印染厂后，有些企业为确保配方的正确性和准确性，要求化验室再次换人复样，确定末次处方，然后到车间放样。

➡ 想一想

1. 颜色相同的织物，可不可以说它们所用的染料一定相同？

2. 如何提高染色小样的准确性和重现性？

➡ 试一试

1. 学生可以独自或相互仔细观察所穿着衣服的颜色，尝试进行颜色描述。

2. 请用成分、规格、质量、前处理等各项指标完全一样的半制品织物三块（即用一块大的白布剪成三块小的），使用相同的工艺处方、工艺条件在同一染色小样设备中在三个染杯中分别同时染色，然后评定染色后的三块织物颜色差异。如果三块织物颜色的色差达到4.5级以上，则重现性很好；如果色差达到4～4.5级，则重现性较好；而只要有两块织物颜色的色差低于4级，则重现性较差；如果三块织物颜色目测相差都很大，则重现性很差。

第七章　染整配色打样操作

知识与技能目标

了解染料颜色样卡的作用；

了解常用颜色样卡制作要求和方法；

理解打样处方的确定依据和方法；

掌握配色打样的基本操作要领。

本章主要学习染整打样方法性和技巧性内容。

配色打样的工作目的，就是要快速仿拼与指定样板一致的颜色。在着色方法（染色或印花工艺）确定以后，主要是利用颜色知识特别是颜色混合规律，通过试验确定染料的正确组合配比，使试样颜色与标样相同。怎样快速准确地获得相同的颜色就成为了染整打样的关键。其中，使织物着色的方法和操作是染整工艺操作上的问题，是打样员应该熟悉和掌握的基本功，要求做到正确和规范。另外，打样员还要了解影响织物着色效果的各个因素和细节。然后重点放在染料组合分量配比的调整上。总之，打样员必须要熟悉配色打样的基本工作内容、流程、操作方法和操作规范。

第一节　染料的颜色样卡制作

在实际生产中，染整化验室为了能将常用的各个染料的色光特点及其不同组合、随浓度变化的情况直观地表达出来，便于了解得色效果与染料组合配比的关系和日后对色工作的进行，对所使用的染料，分别采取单个染料、两个染料或三个染料组合，选择一系列不同档的梯度浓度后，采用完全相同的着色工艺，对同种纤维制品进行染色（或印花），将所得色样整理后，对应粘贴在卡纸上制作成色样，通常称其为颜色样卡。

看一看

教师向学生展示已制作好的各种色布样卡。

一、颜色样卡的制作要求

为了便于对样和管理，样卡的制作有如下要求。

1. 剪样

织物：将染好的织物试样剪成（经×纬）3cm×2cm 长的小方块，布面上不得有任何记号，以免影响颜色的比对效果。

纱线：将染好的色纱线用线段扎紧，然后剪成 2～3cm 长的线段一扎，也不应该在纱线上留任何记号，以保证比对样时不受到影响。

2. 贴样

（1）底衬要求：必须是以不影响贴样颜色及影响眼睛判断的颜色为底衬，应以白色或者浅灰色为底衬。不允许用红色或者蓝色等鲜艳颜色为底衬。

（2）织物的经向应对着自己，纱线的以长端对着自己。

（3）贴样用的胶水或者糨糊必须无色透明，不得有影响标样的颜色存在。

（4）贴上底衬的标样间距不要太密，预留空间应在 3～5cm，以便日后对样使用。

（5）贴样应该由浅到深颜色排列，色泽也按黄、绿、蓝、红排列，以减少眼睛的疲劳度。贴样尽量做到整齐美观。

（6）标样本应该妥善保管，放在干燥处，防潮防霉，保持颜色的鲜亮度。

二、单色样卡制作

采取单个染料按不同梯度浓度染得的系列色布样。在实际生产上，印染企业通过单色样卡可以直观地了解染料力份和色光特点。一般布样的颜色深浅随染料的浓度变化而变化，有的染料的色光色相还会随浓度变化而有所变化。在制作单色样卡的过程中，还可了解相应染料的染色性能如匀染性、上染速率、上染率、染深性等应用性能，为车间生产使用该染料时提供技术依据。所以，染整化验室的工作之一就是对新进的每一只染料，都要制作其单色样卡，即打单色样。

染料浓度表示：浸染方式的用 %(o.w.f.) 表示，即染料质量与布料质量的百分比；轧染方式用 g/L 表示。以浸染方式为例，假定染料的力份为 100%。轧染方式参照相应的样卡颜色浓度制定相应的染液浓度。对所使用的各个染料，制作单色色谱色卡，了解每只染料颜色浓淡的变化。以红、黄、蓝三只染料浸染为例，浓度梯度参考如下：

红色　浓度［%(o.w.f.)］　0.1　0.5　1.0　1.5　2.0　3.0

黄色　浓度［%(o.w.f.)］　0.1　0.5　1.0　1.5　2.0　3.0

蓝色　浓度［%(o.w.f.)］　0.1　0.5　1.0　1.5　2.0　3.0

单色的色差一般只有深浅的变化，很明显就可以看出。介于任意两个浓度梯度间的颜色，可以大致推断其所用染料的浓度。

三、双色样卡制作

采取三原色染料两两组合，制作两拼色色谱色卡，可以了解二次色组成及其色光的变化。组合浓度［%(o.w.f.)］配比参考如下：

1. 橙色　红＋黄＝橙色

0.1＋0.1　　0.25＋0.25　　0.5＋0.5　　1.0＋1.0　　2.0＋2.0　　3.0＋3.0

2. 紫色　红＋蓝＝紫色

0.1＋0.1　　0.25＋0.25　　0.5＋0.5　　1.0＋1.0　　2.0＋2.0　　3.0＋3.0

3. 绿色　黄＋蓝＝绿色

0.1＋0.1　　0.25＋0.25　　0.5＋0.5　　1.0＋1.0　　2.0＋2.0　　3.0＋3.0

双拼色的颜色色差有色相和深浅的变化，色相差别较容易看得出，而颜色越深越显得鲜亮。双色样的主色副色较易判别，色差也较容易判断。双色样的色光应该是艳亮的颜色，如果感觉不够鲜艳，则可能与所用染料品质有关，往往是原色染料带有其他原色色光，使得表面上是双色，其实是三色的了。由于原色染料的色光不是理想的纯红、黄、蓝，其或多或少含有其他的原色，所以要留意色光的纯度情况。双拼色是学习调色的基础，拼色效果要熟悉。

四、三原色样卡制作

染料的拼色属于减法混色，常用染料的三原色是红、黄、蓝，理论上讲各种颜色都可以用这三种颜色的染料以不同的比例混合拼成，实际上染料三原色拼色可以得到多种灰彩。由于灰彩的深浅度及色光差别不易判断，仿灰彩打样是染整打样中难度较大的工作。为了能直观地观察三原色拼色所得颜色随染料组合、分量和配比不同的变化规律，增强对颜色变化量的把握能力，培养对灰彩色差的准确判断，学会以量化来评价色差，制作三原色拼色样卡对从事配色打样工作十分必要。

常用的三原色拼色样卡图可以采用三原色拼色宝塔图。首先根据相应染料的常用染色深度来决定染样的染料浓度。可以 0.5% 或 1% 或 2% 或 3%(o. w. f.) 为染色总浓度，然后分别变化红、黄、蓝三只染料的比例，观察三原色染料的不同组合所得颜色随染料浓度渐变的结果。另外以 0.5% 或 1.0% 或 2% 的染色浓度制作红灰、黄灰、蓝灰系列的色卡，体会灰彩系列颜色的深浅、彩度、色相等随浓度、配比的不同而变化的感觉。

(一) 三原色拼色基本步骤

三原色拼色工作步骤如下：三原色染料选择→确定染色总浓度→设定三原色浓度递变梯度→确定三原色拼混处方→分批染色打样→整理贴样。

1. 三原色染料选择

一般使用企业常用的由染料生产供应商提供的配套三原色进行拼色。

2. 确定染色总浓度

染料拼色时的染色总浓度 [浸染用%(o. w. f.) 表示，轧染用 g/L 表示] 的确定一般按照浅色、中色、深色分为几个档次系列。例如，将三原色的总浓度的档次系列设定如下。

对于浸染：浅色，≤0.5%；中浅色，0.5%~1.5%；中深色，1.5%~2.0%；深色，≥2.0%等。

对于轧染：浅色，0.1~10g/L；中色，10~30g/L；深色，30~60g/L。

3. 设定三原色浓度递变梯度

三原色染料浓度的递变梯度是根据实际需要来设定的。为了更直观地观察拼色颜色变化规律，并且能更加快速地得到拼混处方，每只染料按其最高浓度的 1/10（级差可以根据需要灵活设定，如 1/5 或 1/20 等）相同梯度进行规律性递变，这样便可以形成红、黄、蓝三种染料总浓度不变、相对浓度不断变化的一定数目的三原色拼混处方。三原色拼色染料浓度递变原理图如图 7-1 所示。

4. 染色打样，整理贴样

根据处方方案分批完成染色打样，及时整理小样，对应贴在三原色拼色样卡上，即得到一套有重要参考价值的三原色拼色样卡。其重要信息是相当染色浓度下所得染色的色相、鲜艳度随三原色不同的配比组合而变化的情况。

(二) 灰彩系列样卡

灰彩系列样卡属于三次色样卡，红、黄、蓝（假定力份均为 100%）相拼，浓度配比设定参考如下。

1. 标准灰色

染色浓度/%(o. w. f.)　　红＋黄＋蓝配比

0.3	0.1+0.1+0.1
1.5	0.5+0.5+0.5
3.0	1.0+1.0+1.0
6.0	2.0+2.0+2.0

标准灰色样卡的红、黄、蓝三种颜色的配比份额是一样的，灰浓度随着原色浓度的大小而发生变化，可以得到浅灰、中灰和深灰色，彩度为零，灰度为1（100%）。根据灰色中带彩情况来了解不同浓度下三原色的配伍情况。

2. 黄灰系列（Y+B+R）

以染色浓度1%(o.w.f.)为例。

彩度 70%   灰度 30%   Y0.8+R0.1+B0.1

彩度 70%   灰度 30%   Y0.7+R0.1+B0.2   Y0.7+R0.2+B0.1

彩度 40%   灰度 60%   Y0.6+R0.2+B0.2

体会在不同灰度（彩度）下，等浓度的黄灰的色光变化情况。

3. 红灰系列（R+Y+B）

以染色浓度1%(o.w.f.)为例。

彩度 70%   灰度 30%   R0.8+Y0.1+B0.1

彩度 70%   灰度 30%   R0.7+Y0.2+B0.1   Y0.7+Y.01+B0.2

彩度 40%   灰度 60%   R0.6+Y0.2+B0.2

体会在不同灰度（彩度）下，等浓度的红灰的色光变化情况。

4. 蓝灰系列（B+R+Y）

以染色浓度1%(o.w.f.)为例。

彩度 70%   灰度 30%   B0.8+R0.1+Y0.1

彩度 70%   灰度 30%   B0.7+R0.2+Y0.1   B0.7+R.01+Y0.2

彩度 40%   灰度 60%   B0.6+R0.2+Y0.2

体会在不同灰度（彩度）下，等浓度的蓝灰的色光变化情况。

灰彩颜色告诉我们，如果颜色不够艳亮，不管它的色相怎样，肯定含有三原色成分，打样时要注意。当然，微量的原色成分可能是原色染料带来的，也可能是人为特地加入的，所以要熟悉原色染料色光特点，进行准确判断。

判断灰彩颜色深浅的方法是通过颜色明暗度来分析，色明较浅，色暗较深。

灰度越小，彩度越大，颜色越鲜艳，则主色往往很明显，容易判断属于哪个灰色系列。灰度越大，彩度越小，主色往往就不容易判断。一般来讲颜色越接近标准灰色系列时，说明红黄蓝三种颜料混合比例的份额就相对接近。此时在观察比对颜色时，仅能以色样上反射出来的黄、橙、红、紫、蓝、绿等色光的感觉来选择。

五、样卡的应用方法

在没有与来样相近的档案样的情况下，首先借助于单色样卡、三原色拼色宝塔图及其他参考资料，初步确定打样总浓度及各拼色染料的拼混比例。将来样与样卡比对时，应按经纬向同向一致并排放在一起。单色对单色，双色对双色，三拼色对三拼色，依次比对颜色，通过明暗度分析颜色深浅，再仔细观察其色泽偏向，根据色差的量化感觉，列出染料组合和配比，确定染色浓度及助剂用量范围，形成初次工艺处方。对同一色样同时开出两个以上的处方，同时打若干个样，以判断色光走势，提高打样效率。

后续工艺处方是根据前次试验结果来判断调整，深了（或过了）要减量，浅了（或欠了）就要加量，反复试验调整。直到颜色很接近（差别小于半级）时，就再按处方再复染几次，看是否重演。重演性好，说明处方合理。如重演性不好，就要根据色光的状况来判断重做调整。

教师找出若干块由不同染料组合、不同浓度、不同配比的色布供学生辨色练习，推测染料的浓度、组合和配比。

想一想

是不是样卡资料越多越细，就越有利于寻方？

拓展　　**☆ 三原色染料浓度递变原理图**

如果将三个原色染料用不同的浓度进行组合，可以得到许多种组合情况。为了系统确定三个原色染料在总染色浓度相同时用不同的浓度进行的组合，可以采取浓度递变原理图来进行。

1. 染料浓度递变原理图绘制

以拼色染料总浓度 1.0%（o. w. f.）为例来说明。

（1）设定浓度递变梯度为总浓度的 1/10（即染料按 0.1% 用量减少或增加，可以根据需要灵活设定）；

（2）绘制一个等边三角形，三角形的三个顶点分别表示：红（R）1.0%（上顶点）、黄（Y）1.0%（左顶点）、蓝（B）1.0%（右顶点）；

（3）把三角形的三个边 10 等分，标出刻度点，连线各边刻度点，得到如图 7-1 所示的浓度递变原理图。左腰为红色浓度边，右腰为蓝色浓度边，底边为黄色浓度边。

2. 递变原理图中的交点信息

（1）递变图中的每个交点对应一个拼色染料配比处方。图中的交点总数 N，由等差数列求和公式：$S_n = n(a_1 + a_n)/2$，可求出为 $S_n = 66$ 即打样处方总数为 66 个（可根据不同的总浓度，不同的递变梯度，来设定不同数目的交点也即不同的打样处方数）。

（2）递变原理图交点颜色组合信息

① 三角形的三个顶点分别为红、黄、蓝给出浓度的纯色。

② 三角形的三条边上的交点，分别为两种颜色的拼色：左腰"红-黄"边上的各交点为红黄拼色，标尺为红色浓度；右腰"红-蓝"边上的各交点为红蓝拼色，标尺为蓝色浓度；底边"黄-蓝"边上的各交点为黄蓝拼色，标尺为黄色浓度。

③ 三角形内部各交点为红、黄、蓝三种颜色的拼色配比组合。

④ 各交点的染料浓度和等于总浓度。

边上各交点：其浓度组合等于交点所在边上的相应颜色的染料浓度与连线所指颜色边对应的染料浓度的和。例如，在图 7-1 中，A 交点位于右腰"红-蓝"边（即蓝色浓度边）上，则 A 交点代表红、蓝拼色的一个配比，A 交点在蓝色浓度边上 0.3% 位置，所以蓝色浓度为 0.3%；连线指向红色浓度边的浓度为 0.7%，所以 A 交点拼色时红、蓝染料的浓度为：红

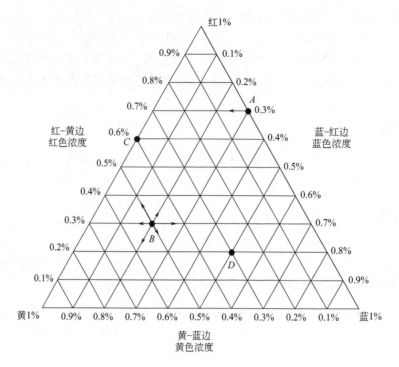

图 7-1 三原色拼色染料浓度递变原理图

0.7%，蓝 0.3%。

三角形内部各交点：代表红、黄、蓝三种颜色的组合。每一交点到各原色浓度边均有两条辐射线，对应有两个浓度，分别为较高的（长箭头所指）和较低的（短箭头所指）浓度，三角形内部各交点染料组合浓度应取各边较低的浓度，即短箭头所指交点的对应值。例如，B 交点位于三角形内部，代表红、黄、蓝拼色的一个配比。B 交点与左腰"红-黄"边（红色浓度边）交于 0.3% 和 0.5% 两点，则 B 交点的红色染料浓度取 0.3%。同理，B 交点黄色染料浓度应取 0.5%，蓝染料浓度应取 0.2%。因此，B 交点拼色时各颜色染料浓度为：红 0.3%，黄 0.5%，蓝 0.2%，总浓度＝0.3%＋0.5%＋0.2%＝1%。

➡ 试一试

图中 C、D 两点所表示的染料组合浓度分别是多少？

3. 拼色染料组成方案的确定

（1）把 66 个交点，从 1～66 依次编号，标注。例如按照从上到下，从左到右编号。

（2）根据三角形各边的刻度标尺，确定 1～66 号对应染料浓度组成（打样染料配比组成），并填入画好的表格中。

➡ 试一试

在教师指导下，请同学们制作此表格并完成内容的填写。

4. 三原色拼色样卡宝塔图的制作

将对应各交点浓度打出的小样，整理裁剪成小三角形后，对应粘贴在图中交点下的小三角形中，即制成了三原色拼色样卡。形象地称其为"三原色拼色宝塔图"，如图 7-2 所示。

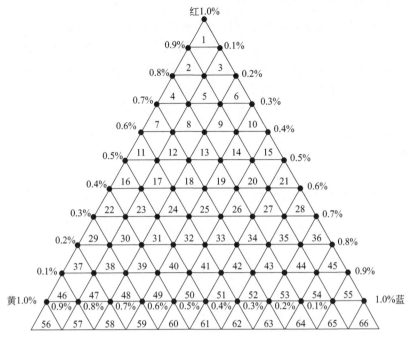

图 7-2　三原色拼色样卡宝塔图

第二节　初次处方的确定

染色（印花）处方包括染料的组合和浓度配比以及染色（印花）助剂及其浓度。在染色（印花）方式确定后，处方确定的核心内容即是染料的组合和浓度配比，当这些确定下来后，染色助剂及其浓度就较容易确定了。

一、颜色确定及染色浓度估计

接到客户样品后，首先确认颜色色相，如黄色类（浅黄、嫩黄、艳黄、米黄、老黄）、红色类（浅红、粉红、红玉、大红、深红、玫瑰红、酱红）、蓝色类（浅蓝、艳蓝、湖蓝、翠蓝、海军蓝、藏青）及其他（棕色、灰色、橄榄色、米白色、紫罗兰、黑色）等。

然后与样卡对色初步确定染色浓度，或者凭经验估计染色浓度该打多少。每种染料得色浓度效果是不一样的。以活性染料为例，一般活性染料（力份 100%）浸染染色，浅色浓度（o.w.f.）为 0.1%～1%，中色浓度（o.w.f.）为 1%～3%，深色浓度（o.w.f.）为 3%～5%。而分散染料（力份 100%）染色，浅色浓度（o.w.f.）为 0.3%～1%，中色浓度（o.w.f.）为 1%～2%，深色浓度（o.w.f.）为 3%～6%。

活性染料轧染染色，浅色 0.1～10g/L，中色 10～30g/L，深色 30～50g/L。而分散染料（力份 100%）轧染染色，浅色 0.1～10g/L，中色 10～30g/L，深色 30～60g/L。根据颜色深浅情况，初步估计浓度范围。

色相和深浅估计后，就可以选择具体染料了。较便捷的做法拼色染料最好选用三原色染料拼色。

二、初次处方确定的方法

当确定染料选用后，需得到初次处方。处方确定的方法主要是查阅染色历史样卡，在织物种类染色方式相同的情况下，选用色差最小的处方作为初次处方。一般查找历史样有两种途径：其一，利用电脑测配色，从电脑的配方数据库中自动搜寻最接近的首个处方；或根据电脑内输入了的各只单一染料不同浓度的颜色资料（也称单色资料），电脑计算得到首个处方。其二，根据保留的历史样卡得到。一般染整化验室都会积累很多历史样卡，客样来后可翻看寻找最接近的历史样卡，修正后得到首个处方。

如果没有历史样，就只能通过颜色样卡比色初步确定染料的浓度配比。然后根据染料种类和染色浓度按照工艺常规来确定助剂种类和浓度，得出初次处方。

如何制作历史样卡？

第三节　打样的基本工作

当接到仿色任务之后，知道了仿色要求和要完成的时间，就要考虑如何做到快、准、好地达到仿色效果。仿色打样需要做好如下几项工作。

1. 了解并确定纤维材料的属性

检验纤维材料的方法如下。

（1）燃烧法　通过对纤维材料进行燃烧，观察火焰燃烧的颜色、烟雾、气味、灰烬等特点的表现去确认纤维材料的属性。

（2）溶解法　根据各类纤维材料在无机溶剂和有机溶剂中溶解状况来判断纤维材料属性。

2. 仿色试验前的各项准备工作

（1）根据纤维材料属性，选择与之相适应的染料，并制定相应的工艺流程和工艺技术条件。选择染料时，应考虑色相、鲜艳度、色牢度、来源、成本、染色性能、满足客户特殊要求等，特别要注意拼色时染料组合的配伍性能。选择染料要注意以下事项。

① 考虑生产可行性，所选染料不仅为了打出样板，而且还要保证生产中染色稳定性。

② 考虑染料的配伍性，拼色染料应尽量选择染料类型及性能一致的。

③ 考虑同色异谱，根据客户色样及灯光的要求，选择染料和工艺，尽量在其要求的灯光下不转灯。

④ 考虑染料提升及其用量，染深色时要限制在生产用量的最高用量，特深色根据客户情况而定。

（2）收集本厂（公司）各染料色样卡的技术资料，然后将来样与之比对，寻求相近似的颜色，考虑工艺中染料用量、助剂浓度等。

一般来说，越接近灰色系列的颜色，其灰彩度越难判断，因为它的色相比较复杂，经常需要三种染料拼混，故接近灰色系列的色相，配色时可仅以黄、红、青的感觉做色偏向的选择。配色时要首先对色光作出正确判断，选用正确的染料。

筛选处方，合理选料。找参考处方，尽量要找布种相同的。需要对企业常用的半制品做到心中有数，如：哪种布得色深，哪种布得色浅，哪种布上色比较鲜艳等。

（3）根据企业的生产条件，初步确定仿色的工艺条件及其工艺处方。主要有：染色（印花）方式、设备、浴比、容量、pH 值、温度、时间、压力等因素。

（4）试验用样品的剪取

① 织物剪样 以质量计，一般以无浆干重计取 2～5g，根据各厂的实际而决定剪裁宽度，然后经电子秤称量调整确认其质量。

② 纱线取样 定长：在测长摇纱仪卷绕而成有 100m、500m、1000m 等。浸染以 100m 为主，筒子以 500m 为宜，经轴以 1000m 为宜。

3. 染液配制

(1) 染料母液 一般配制成 5g/L (1/200)、10g/L (1/100)、0.5g/L (1/2000)、1g/L (1/1000)、0.1g/L (1/10000) 等浓度。

(2) 主要助剂溶液配制：可以配制成 10% 溶液，也可以直接按工艺要求称取固体。

根据指定的工艺处方计算出染料和助剂用量。然后折算成给定浓度的母液量。

→ 想一想

上述母液浓度如何配制？请写出配制过程。

4. 染浴配制

根据初步确定的浴比及染物质量计算出染浴量，然后吸取母液量，把染浴余量用水补足，加入助剂就可以进行仿样染色了。

5. 仿色操作

根据选定的染色方式，选用染色设备，按预定的染色过程和工艺条件就可进行染色操作了。染色方式主要有浸染和轧染。轧染的小样设备主要有立式和卧式小轧车。浸染的设备比较多，有智能恒温水浴锅、常温常压振荡染色试样机、高温高压染色试样机、红外线高温染色机等。操作各种染色设备，在注意安全的前提下，注意操作的规范性和准确性，确保前后一致，保障染色重现性的实现。

待试样染毕后，与标样进行对色，判断色差，根据色差情况调整染色配方。

第四节 对色与处方调整

对色在打样中是个重要环节，通过对色掌握染样与标样的色差情况，以便调整打样处方。因此，要求对色的相关条件和操作要做到准确和规范。

一、对色方法和对色环境

目前对色的方法分为：目测对色、分光测色仪对色、分光测色仪对色与目测对色结合使用。目测对色只是大致判断，适合容易辨析的色差，是打样人员必备的基本功。需要准确判断色差时（即色差需要精准表达时）则要借助变色灰卡或电脑测色。

对色要求有一个相对稳定的环境和光源。对色环境又可以分为自然光对色、标准光源对色和电脑自动对色三种。

自然光对色和标准光源对色是通过人的眼睛感觉的比对，它会因人而异。

自然光对色一般就是利用晴朗的上午 9：00～下午 16：00 这个时段的自然北光线比色，样品与眼睛都不能受到阳光的照射，否则会影响比色结果的判断。

比色方法是：将试样和标样以同一纬向平放在桌面上，让东北面光源自然照射下来，眼睛与布面的距离为 30～40cm，夹角为 45°～60°，这样观测试样与标样的深浅及色光差异是比较合理的。对于颜色深浅和灰度比较接近，而色光又不易判断的布样，则应将布样平面与眼睛的夹角调整为 5°～10°，通过布面泛出的光泽去判断黄、橙、红、紫、蓝、绿色的细微差异来判断。当试样与标样的深浅较难判断时，可以用挖好一小孔（直径约 1.5cm）的白纸覆盖在两个布样并列处，就能容易判断布样的深浅了。

标准光源对色：就是利用具有四光源或者六光源的标准灯箱进行色样的比对。灯箱内壁是不易变色的中性灰色。箱内顶端设有 D65（国际标准人造日光）、TL84（欧式百货公司白灯光）、CWF（美式百货公司白灯光）、F/A（室内钨丝灯光）、UV（紫外线灯光）等标准光源，对色时把样品放入箱内，启动所需光源。D65、TL84 等光源用来判断颜色深浅和光泽。而 UV 光源专门用于检验织物是否含有荧光增白剂。试样与标样两块布样平放在灯箱内，眼睛与布面的夹角为 45°。

值得注意的是，D65 灯光与自然光源颜色色光的反应并非完全一致。在 D65 灯光下对色确认的小样，用自然光对色可能会产生偏差，因此必须事先与客户沟通，统一认识，避免误解。

对于目测对色，色差的目测评定常以变色灰色样卡作对色依据进行评级。

电脑测色仪是自动化程度很高的测色仪。它是通过各种颜色光波波长的测定进行自动比对。先要把来样当成标样，折叠多层放在检测窗口进行扫描，然后把测得的色光波长保留记忆，再把各试样也以同样方法进行色光波长扫描，并保存起来，与标样进行比对，两者的差异通过数字显示便一目了然。

二、读色辨色

从颜色的色相、彩度、明暗度来分析染料组成和配比，并判断各个染料的浓度和染色总浓度。

三、色差的判断

要进行对色时，要注意把握样布染色后的烘干程度。烘干过度或烘干不够，都会造成色光偏差。一般布样烘干后，让布样在室温下自然回潮至室温，再进行对色。对色时要注意观察样品与光线照射角度的变化，以保持一致。

色差一般包括如下方面。

1. 色相差（ΔH）

色相差即染色物的色相与标准色样有差异，主要以色相偏向来描述，如来样是红色，而试样是橙色，则色相偏黄了。

2. 明度差（ΔL）

明度差相当于"浓度差"，泛指颜色的偏深、偏浅等内涵，与染料上染情况有较大的关联。

3. 彩度差（ΔC）

彩度差泛指鲜艳度的差异，比如颜色偏暗，不够鲜艳等，就是彩度差内容。当然，当发生色差时，很少只发生其中的一项，只是一般都以差异较大的项目来描述。因此颜色间的总色差值，是明度差、彩度差、色相差等差异之总和。

不同的对色方法，对色采用的灰卡标准不同，色差的表示方法及色差级别也有差异。

对于目测直接对色，通过眼睛的视觉也可以感觉到：单色深浅很明显就可以看出；双拼色是颜色越深越显得鲜亮；在三拼色同等深度中黄光越重，颜色越浅。

进行颜色比对时用明暗度来表示深浅度。明暗度差别可以用差异级别来判断。

一级　表示最差，明暗度差别很大、彩度、灰度等差异特别明显。

二级　有明显差别。明暗度差别大,彩度、灰度明显有差别。

三级　有较大差别。明暗度有差别,彩度、灰度差别较大。

四级　差别变小。明暗度比较接近,彩度、灰度有差别。

四～五级差别很小,明暗度接近,彩度、灰度差别不明显。

五级　无差别。明暗度一样,彩度、灰度均匀一致。

也可使用变色灰色样卡(以下简称变色灰卡)作对色依据进行评级。如 GB/T 250—2008 评定变色用灰色样卡或 AATCC 变色灰卡。灰卡分为 5 个牢度等级,在每两个级别中再补充半级,即为五级九档灰卡。一级最差,五级最好。每对的第一组成均是中性灰色,其中仅牢度等级 5 的第二组成与第一组成一致,其他各对的第二组成依次变浅,色差逐级增大。各级观感色差均经色度确定。灰色样卡在储存或者使用中会发生变化,各级各档的色度数据会偏离标准范围,应注意定期检定和更换。否则会影响评定的准确性。

变色灰卡既可作为染色牢度等级评定,亦可用来进行标样与试样或大货色差的评级。如摩擦牢度 4 级,意指原样与规定条件摩擦后的试样变色色差为 4 级;如标样与试样色差 4 级,意指标样与试样的颜色色差为 4 级。

看一看

教师向学生展示常用变色灰色样卡实物并说明使用方法。

四、调色的方法和要点

仿色是一项复杂的工作,不会一次就能成功。通过一定的方法和规律,可以减少试验的次数,从而比较快地达到仿色效果。打样者要掌握颜色的知识、混色规律以及常见颜色的色光倾向、敏感色与非敏感色的调色原则、特殊效果颜色的调色技巧、补色原理及余色原理的应用原则等,可以提高调色的速度。进行调色时要注意调色的思路、调色的方向和调色的力度。准确的辨色是提高调色速率的基础,辨色包括对色光方向和颜色浓淡的分析。调色是一项经验性工作,需要打样工作者善于总结经验才能不断提高配色效率。

调色的方法和要点总结有如下几点。

(1)通过灰度判断总浓度(三种染料用量总和)。比色对样时,差异在 3 级以下应尽快调整思路,增减染料浓度。

(2)通过彩度判断偏向于哪个灰色系列。一般讲,越接近灰色系列的颜色,其灰彩度越难以判断,故仅以黄、橙、红、紫、蓝、绿的感觉做色偏向的调整。如偏黄,减黄或加红与蓝;如偏绿,加红或减黄减蓝;如偏紫,加黄或减红减蓝;如偏橙,加蓝或减黄减红;如偏红,减红或加黄加蓝。加互补色可加灰,减互补色可加彩。

(3)通过色光彩度去研判主色及其用量范围。

(4)当颜色深度不足时,应增加所缺少的色光的两个补色的用量,这就是缺一补二法。

(5)当深度过重时,色光过度者则应消减该色的染料用量,这就是消减法。

(6)当试样达到 4 级时,可由明暗来判别深浅,明较浅、暗较深,此时不要同时调整三种颜色用量,应一步一步调整,缺什么补什么,一个颜色一个颜色调整。以免调整过度而发生偏移,增加工作难度。要掌握补色原理和余色原理,并能灵活运用。至于调整的量是几成就要通过颜色的明暗度来分析了。

(7)调色时力度要大,宁可调过再往回调,特别是在颜色与标样的差别比较大的时候和在调非敏感颜色的时候；除了要注意小样与标样的色差外，还要留意一下之前打过的类似颜色，分析其调色思路。此外，调色时还要考虑助剂的用量、保温时间、织物组织结构等因素的影响。例如用活性染料浸染时，当染料用量增加到一定的深度时，要对应增加元明粉和纯碱的用量，反之则减。特别是对于一些深色样，如果不增加助剂用量只增加染料用量根本就达不到所要求的深度。

（8）调色人员要熟悉每个单色的深度、亮度、色相等颜色特点，以及相近的颜色、色光偏向等，同时要了解各种染料的用量变化与得色变化程度的对应。判断调色方向与小样色样之间的差异是否吻合。

（9）标样的颜色往往由 2~3 个染料组合而成。其中用量最大的主色是决定深度的，用量最小的副色往往用来调整色光。调色实际就是调整试样颜色的深度或者色光。调深度主要调用量大的染料，调整色光就主要调用量小的染料。对于染料间的用量大小并没有明显差别的颜色，如果调色经验不足，可以固定一个染料的量调另两个或者固定两个染料的量而调另一个。

在实际生产中，通常遇到的颜色是千变万化的甚至是难度高的，还有颜色效果各异的多种染料及其组合，打样员要注意不断摸索和总结调色规律，才能又准又快地调好颜色。

☆ 不同敏感性颜色的调色方法

在生产实践中，一般在试样与标样色差不大时，注意细心研判色差特点，通过调色最终能够达到颜色要求，不需要调换染料。但也常常遇上一些不易调整和控制的颜色，甚至出现反常的颜色，打样员要注意不同颜色的调色方法，不断积累调方经验，提高打样调色效率。

1. 敏感色系

当染料调幅较小而颜色变化较大的色系，即称为敏感色系。只要拼色染料中有一只染料浓度有所变化都可以使该颜色变色，甚至脱离原来的色系。常见的有灰色、红灰、黄灰、蓝灰、紫色、米色等，当色差 ΔE（CMC）≥0.4 时，即能看得出。

要调好敏感色，首先要熟悉单色特点、三拼效果，了解标色的色光特点，准确判断色差方向，注意主色、副色的调幅大小对颜色影响的情况，耐心分析敏感颜色色样的变化规律，注意总结经验。例如等量的三原色相拼可得灰色，如果当中的一个染料的浓度稍有变化，就会变成不同的灰彩，难以对样。针对不同的敏感色，采取不同的调色思路、调色方向和调色力度。举例如下。

（1）黄灰　红、黄、蓝三拼所得，黄色为主色，红色和蓝色为辅。其色光可以偏向红或黄或蓝三个方向。根据标样的色光情况，可以同时调整两只辅色红色和蓝色或黄色为宜，如果只调整红色或蓝色容易引起色光的突变，且调整浓度在原浓度的 5% 以下。

（2）紫色　红蓝二拼所得，紫色色光可以偏红或偏蓝。如偏蓝的紫，在色深与标样相近时，可以或减少蓝色染料的浓度或增加红色染料的浓度。根据色光偏向情况考虑减蓝还是加红抑或加蓝还是减红，而且调幅不宜太大，一般控制在原浓度的 5% 以下。

（3）米色等敏感浅色　由于人眼对浅色分辨力低，不易辨别浅色间的色差，所以浅色样有时目测色差已经很小了，但是用电脑测色仪测得的色差值也许还会很大，所以打样员普遍感觉到浅色样较深色样难打。对于不同染色浓度的浅色以及不同的色相，调幅变化较大。对于极浅的颜色，染料用量极少，染料用量一般都是百分之零点几以下，在调色时，染料调幅可以大些，如果调幅太小的话，颜色基本没什么变化；而对于稍深一点的敏感浅色，就要注意调幅不能太大，要严格遵循"微调"原则，一般调幅为原浓度的 2% 以下甚至更低，否则色相波动太大。

2. 非敏感色系

非敏感色系是指染料调幅较大时，试样的色泽深浅变化不大的颜色。该色系主要是由红色和黄色拼混得到的颜色如橘黄色、橘红色及橙色等。在对非敏感色系的颜色打样时，调色力度可以大些。如一个红光较重的橙，想通过增加黄色染料的浓度来削弱红光，这种情况下，可直接将黄色染料的浓度增加两成以上（即增加 20％以上），甚至有时增加 50％才能将红光调整过来。

3. 特殊效果颜色的调整

实践工作中，常常碰到一些特殊效果的颜色，一般是指实际拼色组分跟人们理论上认为的拼色组分不同的颜色效果。如在视觉上认为是一次色，实际为二次色或三次色；或在视觉上认为属于二次色，实际上是三次色的颜色。这往往让初学者感到迷惑，不易找到调色的方向。如常见的颜色发暗发灰现象，它不同于一般的颜色偏暗偏深。举例如下。

（1）暗绿色　相对于暗绿色，艳绿色可用黄色与蓝色以适当比例拼混得到。而暗绿色的仿拼就要注意其色光中含有的消色成分。拼色方案可以采用合适的暗黄色与暗绿色染料拼混，利用暗黄与暗绿的消色成分达到增强颜色灰度的效果。也可采取三原色拼混：用三原色的黄色和蓝色，再加极少量的绿色的余色即红色染料来消色，可以得到需要的效果。或者用三原色的黄色和蓝色相拼，再加少量的黑色染料调整，也可得到需要的效果。

（2）土黄色　土黄色是黄橙色变暗以后得到的颜色，含有消色成分。可以黄色为主，红色为辅（二者拼混为橙色），再加入极少量的蓝色调节得到，但蓝色染料不能过量，否则色相漂移，容易影响对调色方向的判断。

　☆ **调色技巧**

1. 深度与色相同时调色法

人的眼睛对色的三要素中的色相最敏感，其次是纯度，对明度较迟钝。同一染料在不同浓度时其色光会发生变化，尤其是较深色。一般来讲，大红色深度增加，其色光越黄；枣红色深度增加，其色光越蓝黑；宝石蓝色深度增加，其色光越红；黑色深度增加，其色光越红黄；咖啡色深度增加，其色光越蓝。掌握了色光随深度的变化规律，也可深度、色相一齐调，调色效率就可更高。

2. 百分比或成数加减算法

百分比或成数加减法是调色中的基本算法。比如打样用某染料处方浓度为 1.0％（o.w.f.），这时目测认为浓度应增加到 1.1％（o.w.f.），算法上讲要加染色量的 10％，即增加一成。如果这时目测认为浓度应减少到 0.9％（o.w.f.），算法上讲要减染色量的 10％，即减少一成。

3. 调换法

调换法多用于调色动作较大时。比如打样用某染料处方浓度为 0.5％（o.w.f.），对客样后认为要增加到 1％（o.w.f.），即增加 100％，这时可反过来用客样去对已打的小样，看是否要将客样认为的 1％（o.w.f.）减去 50％才能得到标样的颜色。这样可以使调色的准确性得到验证和校正。

4. 夹击法

夹击法是从已打的多个样中寻找标样所在的位置。比如，已打小样 A 的染料用量为 0.8％（o.w.f.），小样 B 的染料用量为 1.2％（o.w.f.）。对标样后发现 A 样浅而 B 样深，这时将标样置于 A、B 之间，这样染料的用量约为 1%（o. w. f.）。

5. 跨步法

跨步法是从已打的多个小样中推导出标样所处位置。比如小样 A 染料用量 0.7%（o. w. f.），小样 B 染料用量 0.9%（o. w. f.），对标样，A、B 用量都不够，目测从 B 样到标样应增加的用量是 A 样到 B 样增加用量的一半，此时染料用量为：0.9%＋(0.9%－0.7%)/2＝1%。

五、确认样处方的确定

试样经过多次反复实验后，试样与来样比对，从其颜色的深浅度（明暗度），色泽的鲜艳度都完全一致或试样颜色越来越趋同标样的颜色，色差变化很小或者不是有很明显的差异（按色差来说应小于半级。5 级为最好，1 级最差。在一般情况下，小样色泽深浅相差在 5 ％以内，色光在 4 级以上）时，即可再做重现性试验或复板。如果重现性好，说明工艺技术方面符合要求，各种助剂配制合理，那这个样就算确认样了，相应的处方就可以作为确认样处方，就可以考虑进行放样了。

如果重演性不好，那说明工艺不合理，应调整染料浓度或者提升（增加）助剂用量，做进一步分析。

六、放样生产及车间现场颜色的调整

一般地，当化验室里的仿色试验结束后，很多企业为了稳妥，往往安排中样到大样的放样工作。即按小样工艺处方和技术条件在中样机上再进行一次试验，检验与小样是否重演。重演好就可以确定放大样的工艺处方。重演性不好就要分析原因，利用余色原理再调整偏移色光，然后再进行放样。按照同样的要求和做法进行放大样。

车间大生产的产品颜色就是最终需要的颜色，希望生产一次成功。但由于大生产中因操作者的技术水平差异，设备运转状况差异等，都会产生颜色的差异，就是常说的缸差或者批次差异，如果发生这种情况就要采取补救措施，就要用染料进行补色处理了（有的工厂叫做加色处理）。对补色者的水平一般要求比较高，要具有丰富的生产实践经验，对颜色判别较敏感，也有较深的基础理论知识，对拼色原理及余色原理掌握比较好。这样就可以根据染液色光差异直接用染料在缸内加色调整，或者清洗后将布打出待实验室重新打样后再生产。

当打出的小样与客户来样一致时，有的企业为了缩短交货期，不经放样就直接制定生产配方。由于大货和小样的染色设备不同，以及大小样染色工艺的差异，用同样的配方染色会在不同程度上造成大货和小样的颜色差别。为了避免或减小产生这种颜色的差别，必须预先对组合里的各种染料按照一定的比例进行加减调整来缩小大小样差，保证用同样的工艺能染出达到客户要求的大货颜色。若在确认小样配方基础上进行调整以获得大货配方，就要根据小样大样的相应条件的差别对染色配方进行调整或修正，要结合不同织物，不同的颜色、不同染色设备和工艺条件及过去小样和大样的关系，来考虑染色配方的调整，如对一些浅色的样品可以直接按打样配方，中等深度的颜色可能根据经验要作适当的微量调整，而深色品种有时就要减去几成染料用量。

➜ 想一想

1. 你对染整打样操作有何体会？你感觉打样工作中哪些环节较难理解或较难掌握？

2. 对于打样中较难的环节，你打算如何解决或提高？

第八章 常用染料染色打样工艺与操作

本章主要学习织物常用染料染色打样获色的方法。由于打样遵循的原则就是尽量采取大货生产的工艺进行仿色，不同厂家不同设备不同的管理和习惯都可能影响到大货的生产工艺，特别是在染色温度和助剂用量上可能会有不同程度的差异。所以这里给出的染色打样工艺和操作按照常规进行，以供参考。

第一节 纤维素纤维制品小样染色

任务 1 活性染料小样浸染

知识与技能目标

了解活性染料浸染打样的染色方法及其常用的材料和仪器设备；

了解活性染料浸染打样常用设备的性能特点；

了解活性染料浸染工艺对获色效果的影响；

熟悉所用活性染料在所染织物上得色特点；

掌握活性染料小样浸染工艺及操作过程。

完成任务指引

一、准备染色用材料、试剂和仪器设备

（1）实验材料 纯棉半制品（每块重 2g）。

（2）实验仪器 恒温水浴锅（或振荡式小样染色机）、电炉（皂煮用）、烘箱、电子天平、托盘天平、玻璃染杯（250mL）、量筒（100mL）、烧杯（50mL，500mL，1000mL）、温度计（100℃）、玻璃棒、电熨斗、角匙。

（3）实验药品 食盐（或元明粉）、纯碱、工业品皂粉或洗涤剂、活性染料（包括低温型、中温型、高温型等，染料型号由各学校根据自身情况而定）。

二、活性染料浸染工艺与操作

1. 工艺流程

配制染液→染液升温至入染温度→织物入染→加盐促染（→升温至固色温度）→加碱固色→出布→冷水洗→热水洗→皂煮→热水洗→温水洗→冷水洗→烘干（熨干）→剪样→贴样

2. 参考处方

表 8-1 列出了常用类型活性染料的深、中、浅档浸染染色浓度的工艺，其他染料浓度对应的各助剂用量可采用插值计算法或参考染料应用手册来确定。

3. 染色设备及工艺曲线

根据所用染色设备的使用性能和编程类型，结合活性染料染色性能，设计工艺曲线。

表 8-1　活性染料浸染参考工艺（一浴两步法）

染料浓度/%(o.w.f.)	0.5	1.0	2.0	3.0
食盐/(g/L)	10	20	40	60
纯碱/(g/L)	X型:12 其他:12	X型:15 其他:15	X型:15 其他:20	X型:20 其他:30
浴比	1:50			
染色温度/℃	X型:20~30； KN型、B型:40~60； K型:40~70； M型:60~90			
染色时间/min	20~40(根据色泽浓淡和染料性能确定具体值)			
固色温度/℃	X型:20~30； KN型、B型:60~75； K型:85~95； M型:60~95			
固色时间/min	30~40(根据色泽浓淡和染料性能确定具体值)			
皂洗工艺	中性皂(合成洗涤剂)/(g/L)	2~3		
	浴比	1:30		
	温度/℃	95~98		
	时间/min	3~5		

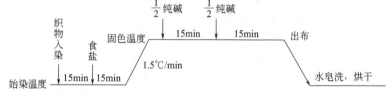

4. 操作过程及注意事项

（1）**染液配制**　根据染料染色浓度［%(o.w.f.)］、织物质量以及浴比，计算出染液配制的总液量。染料可以称取固体量，然后再溶解。也可事先配好一定浓度的母液，然后折算成所含固体量，再吸取一定量母液来配制染液。注意在化料过程中所加入的水量要计入总液量。

由于 X 型活性染料不宜采用热水溶解，如果需采取较高浓度染色时，要注意其室温下的溶解度，以防溶解不良。

对于个别比较难溶的染料，可以采取一些特殊的溶解方法。具体方法请参考《活性染料应用手册》。

（2）**染色操作**

① 织物放入温水（40℃左右）或冷水（对于低温染色的染料如 X 型活性染料等）中润湿，挤干、待用。

② 入染：将配制好的染液放入水浴中加热至入染温度，放入准备好的织物开始染色，在规定时间内升至染色的目标温度，续染至规定时间。

③ 促染：加入元明粉或食盐来促染，可以在配制染液时加入，溶解搅匀后再开始染色，或在开始染色一段时间（一般 15min 左右）加入。

④ 固色：加入纯碱来固色。取出织物，加入碱剂，溶解均匀后，重新放入织物，在规定温度下固色至规定时间。

⑤ 出布、后处理：将布取出，水洗，皂煮，水洗，最后熨干，剪样和贴样。

（3）要点说明

① 对于染色处方中给定一定数值范围的工艺参数（比如染色和固色温度），制定具体打样工艺时，要根据所用染料的染色性能尽量将工艺参数具体化，以消除工艺参数误差对得色的影响，便于对色调方。

② 如果采用振荡机染色，活性染料的促染剂可在染液配制时加入，而对于上染较快的染料，可在染色 10min 后加入，以防染色不匀；如采用水浴锅染色，则促染剂一般在染色 10～15min 后加入，或者分次加入。

③ 活性染料的溶解化料方法：先用少量水（X 型用冷水，其他类型可用 40～60℃温水）调成浆状，再加入适当温度的水溶解。各种类型的活性染料溶解温度如表 8-2 所示。

表 8-2　各类活性染料的溶解温度

染料类型	化料温度/℃	染料类型	化料温度/℃
X 型	30～40	M 型	60～70
K 型	70～80	B 型	<80
KN 型	60～70		

三、操作注意事项

（1）采用水浴锅染色时，染色时织物应经常翻动，每隔 2～3min 翻动一次，以免染花。

（2）加盐或碱时应将织物取出，搅拌均匀后再将织物放入染色，并继续搅拌。防止将促染剂和碱剂直接加到布面上，以免造成色花。

（3）如用水浴锅染色，近沸染色时染杯应加盖，防止染液蒸发影响染色效果，或及时补加水，维持染液总量不变。

（4）采用振荡机染色时，注意振荡速度设定，过低不易匀染，过高容易造成染液飞溅；中途加盐和加碱时注意不要直接加在织物上，应该小心把织物挤到一旁，再把盐或碱小心加到染液中，然后取出染瓶摇匀，后放回水浴中继续振荡。

（5）为防止染色不匀，在加盐促染或加碱固色时，要做到匀、慢，分次加入。

（6）需要升温至固色温度时，要注意控制升温速度，避免太快而造成色花。

（7）注意控制染色和固色时间，要保证足够的促染时间和固色时间。

（8）布样最好采取熨干方式干燥，这样布面平整，便于对色。

→ 讨论与总结

1. 注意加盐加碱方式对得色效果的影响。
2. 注意电解质和固色剂浓度对染色效果的影响。
3. 注意染色温度和固色温度误差对得色效果的影响。
4. 活性染料浸染操作要点是什么？

→ 想一想

1. 为什么化料时要求先用少量冷水调浆，化料温度不能过高？
2. 加助剂时为什么要缓慢均匀？
3. 染色时为什么要上染一定时间（如 15min）后方开始加盐？
4. 为什么加盐要分次加？
5. 加盐后为什么要进行一定时间（如 20min）才能固色。

6. 加碱为什么要分次加入?

7. 加碱后为什么要确保工艺固色保温时间?

 拓展　☆ 浓度的稀释

有时因为被吸取的溶液浓度较大,而吸取液量较少,从而导致吸取误差较大。这时,可以将要吸取的溶液稀释,使吸取液量增大,减少吸取误差。假定原溶液体积为 $V_{前}$,浓度为 $c_{前}$,稀释后浓度为 $c_{后}$,那么溶液体积变大,$V_{后} = V_{前} c_{前} / c_{后}$,补加的水量等于 $V_{后}$ 与 $V_{前}$ 的差。具体操作参考"液体染料或助剂母液配制"。

任务2　活性染料小样轧染

知识与技能目标

了解活性染料轧染打样的染色方法及其常用的材料和仪器设备;

了解活性染料轧染打样常用设备的性能特点;

了解活性染料轧染工艺对获色效果的影响;

熟悉所用活性染料在所染织物上得色特点;

掌握活性染料小样轧染工艺及操作过程。

完成任务指引

一、准备染色用材料、试剂和仪器设备

(1) 实验材料　纯棉半制品(每块 100mm×200mm)。

(2) 实验仪器设备　立式或卧式小轧车、小型蒸箱、小型定型机,电炉(皂煮)、烘箱、电子天平、托盘天平、玻璃染杯(250mL)、量筒(100mL)、烧杯(50mL,500mL,1000mL)、温度计(100℃)、玻璃棒、电熨斗、角匙。

(3) 实验药品　食盐(或元明粉)、尿素、润湿剂、防泳移剂、防染盐 S、纯碱、烧碱、工业品皂粉或洗涤剂、活性染料(包括低温型、中温型、高温型等,染料型号由各学校根据自身情况而定)。

二、活性染料轧染打样工艺

活性染料轧染工艺方法常用有两种:染料碱剂一浴法、染料碱剂二浴法,其中碱剂一浴法根据固色方法的不同又分为汽蒸法和焙烘法。另外,活性染料还可以用冷轧堆法实施染色。一浴法和二浴法打样工艺如下。

(一) 染料碱剂一浴法

1. 工艺流程

浸轧染液(二浸二轧,轧余率 70%)→烘干(80～90℃)→汽蒸或焙烘→水洗(先冷水后热水)→皂洗(皂粉或洗涤剂 3g/L,浴比 1∶30,温度 95℃以上,3～5min)→水洗(先热水后冷水)→熨干→整理贴样。

2. 染液组成及工艺条件

表 8-3 列出了常用类型活性染料一浴法轧染的深、中、浅档参考染色浓度的工艺。其他染料浓度对应的各助剂用量可采用插值计算法或参考染料应用手册来确定。

表 8-3　X 型、K 型、KN 型、M 型活性染料一浴法轧染参考工艺

染料类别	X				K				KN				M			
染料用量/(g/L)	5	10	20	40	5	10	20	40	5	10	20	40	5	10	20	40
尿素/(g/L) 汽蒸固色	—	5	10	15	5	10	20	30	—	—	—	—	5	10	20	30
尿素/(g/L) 焙烘固色	5	15	20	30	10	20	40	50	—	—	—	—	10	20	40	50
小苏打/(g/L)	10	15	20	25	—	—	—	—	10	15	20	25	15	20	25	30
纯碱或磷酸三钠/(g/L)	—	—	—	—	15	20	25	30	—	—	—	—	—	—	—	—
润湿剂/(g/L)	2	2	2	2	2	2	2	2	2	2	2	2	2	2	2	2
防泳移剂/(g/L)	10	10	10	10	10	10	10	10	10	10	10	10	10	10	10	10
防染盐 S/(g/L)	—	2	2	4	3	3	3	5	—	2	2	4	—	2	2	4
汽蒸固色工艺	温度 100~103℃，时间 0.5~2min				温度 100~103℃，时间 3~6min				温度 100~103℃，时间 0.5~2min				温度 100~103℃，时间 1~2min			
焙烘固色工艺	温度 120~140℃，时间 2~4min				温度 150~160℃，时间 2~4min				温度 120~140℃，时间 2~4min				温度 120~160℃，时间 2~4min			

3. 染色操作

（1）计算染料和助剂用量　按处方方案，计算配制 100mL 染液所需的染料和助剂用量。

（2）配制轧染工作液　将称取的染料置于 250mL 烧杯中，滴加渗透剂调成浆状后，加少量纯净水溶解。分别将尿素、防泳移剂、碳酸氢钠等助剂溶解好，然后依次加入到染液中并搅拌均匀，最后加水至规定液量待用。

（3）织物浸轧染液　在小轧车（事先清洁并调整好压力）上进行浸轧。将工作液搅匀，把准备好的干织物小心放入染液中，室温下二浸二轧，每次浸渍时间约 10s。

（4）烘干　浸轧后的织物悬挂在烘箱内在 80~90℃下烘干。

（5）固色　烘干的小样置于蒸箱内，按规定温度和时间汽蒸固色；或烘干后的小样置于烘箱内，按规定温度和时间焙烘固色。

（6）染后处理　将固色后的织物经冷水洗、皂洗、水洗、烘干。

（7）整理贴样（同上浸染法）。

（二）染料碱剂二浴法

1. 工艺流程

浸轧染液（二浸二轧，轧余率 70%）→烘干（80~90℃）→浸渍固色液（室温，5~10s）→汽蒸（100~103℃，1min）→后处理（同染料碱剂一浴法的）。

2. 染液及固色液参考处方

表 8-4 列出了常用类型活性染料二浴法轧染的深、中、浅档参考染色浓度的处方。其他染料浓度对应的各助剂用量可采用插值计算法或参考染料应用手册来确定。

表 8-4　X 型、K 型、M 型、KN 型活性染料二浴法轧染染液、固色液参考处方

染料类别		X				K				KN				M			
	染料/(g/L)	5	10	20	40	5	10	20	40	5	10	20	40	5	10	20	40
	润湿剂/(g/L)	2	2	2	2	2	2	2	2	2	2	2	2	2	2	2	2
轧染液	尿素/(g/L)	—	5	10	15	5	10	20	30	—	—	—	—	5	10	20	30
	润湿剂/(g/L)	2	2	2	2	2	2	2	2	2	2	2	2	2	2	2	2
	防泳移剂/(g/L)	10	10	10	10	10	10	10	10	10	10	10	10	10	10	10	10
	防染盐 S/(g/L)	—	2	2	4	2	3	3	5	—	2	2	4	—	2	2	4
	纯碱/(g/L)	10	15	20	40	—	—	—	—	10	15	20	40	—	—	—	—
固色液	烧碱/(g/L)	—	—	—	—	10	15	20	30	—	—	—	—	10	15	20	30
	食盐/(g/L)	100	120	150	200	100	120	150	200	100	120	150	200	100	120	150	200

3. 染色操作

（1）计算染料和助剂用量　按处方方案，计算配制 100mL 染液、固色液所需的染料和助剂用量。

（2）配制轧染工作液　将称取的染料置于 250mL 烧杯中，滴加渗透剂调成浆状，加少量水溶解，再依次加入事先溶解好的尿素、防泳移剂等助剂并搅拌均匀，再加水至规定液量待用。

（3）织物浸轧染液　将准备好的干织物小心放入染液，室温下浸轧染液。二浸二轧，每次浸渍时间约 10s。

（4）烘干　浸染后的织物悬挂在 80～90℃的烘箱内烘干。

（5）配制固色液　按处方方案，计算配制 100mL 固色液所需的碱剂和食盐（或元明粉）用量。将称取的碱、食盐（或元明粉）置于 250mL 烧杯中，加水溶解并稀释至规定液量搅拌均匀，待用。

（6）浸渍固色液　烘干后的织物浸渍固色液后立即取出，放到小型汽蒸机内汽蒸。或采用塑料薄膜模拟汽蒸方法，织物浸渍固色液后立即取出平放在一片聚氯乙烯塑料薄膜上，并迅速盖上另一片薄膜，压平至无气泡。

（7）汽蒸固色　采取小型汽蒸箱内汽蒸的按规定温度和时间汽蒸固色；采用塑料薄膜汽蒸方法的将盖有薄膜的小样置于烘箱内，温度可以控制在 140～180℃之间，烘至塑料薄膜完全气泡鼓起来即可。

（8）染后处理　将固色后的织物经冷水洗、皂洗、水洗、烘干（熨干）。

（9）整理贴样（方法同前）。

三、注意事项

（1）织物浸轧液应均匀，浸轧前后织物防止碰到水滴。

（2）织物浸轧染液后，烘干温度不宜过高，以 80～90℃为宜，防止染料在烘干时发生泳移而影响染色均匀度。

（3）KN 型活性染料，若采用焙烘法固色时，除酞菁结构外，一般不加尿素，防止碱性高温条件下，尿素与 KN 型染料的活性基反应。

（4）一浴法更适合反应性较弱的活性染料（如 K 型），二浴法较适合反应性较强的活性染料（如 X 型）。

（5）某些溶解度较低的 X 型活性染料不宜做较高浓度的轧染，避免溶解不良导致色疵。

（6）固色液中的食盐或元明粉要加足量，防止染料溶落过多。

（7）薄膜模拟汽蒸要保证足够的焙烘时间，以免得色浅。

➡ 讨论与总结

1. 活性染料轧染的操作要点是什么？
2. 轧染的主要工艺条件对染色效果有什么影响？
3. 哪些操作环节可能影响到染色效果？

任务3　还原染料小样浸染

◈ 知识与技能目标

了解还原染料浸染打样的染色方法及其常用的材料和仪器设备；

了解还原染料浸染工艺对获色效果的影响；

了解所用还原染料在所染织物上得色特点；

掌握还原染料还原溶解的操作过程及注意事项；

掌握还原染料隐色体染色工艺及操作过程。

>>> **完成任务指引**

一、准备染色材料、试剂和仪器

（1）实验材料　漂白棉织物（每块重 2g）。

（2）实验仪器　恒温水浴锅、电炉、电子天平、玻璃染杯（250mL）、量筒（100mL）、温度计（100℃）、玻璃棒等。

（3）实验药品　还原染料、36°Bé（30%）氢氧化钠、85%保险粉、显色用氧化剂（过硼酸钠、重铬酸钠或次氯酸钠）、元明粉、太古油、肥皂、碳酸钠（均为工业品）。

二、还原染料小样浸染工艺与操作

1. 染色处方与工艺方案

表 8-5 列出了还原染料隐色体深、中、浅档参考染色浓度的工艺。其他染料浓度对应的各助剂用量可采用插值计算法或参考染料应用手册来确定。

表 8-5　还原染料隐色体染色参考工艺

染料浓度/%(o.w.f.)	0.2				1.0				2.0				3.0			
染色方法	甲	乙	丙	特别	甲	乙	丙	特别	甲	乙	丙	特别	甲	乙	丙	特别
烧碱(30%)/(mL/L)	25	10	10	14	25	10	10	18	30	15	15	20	30	15	15	25
保险粉(85%)/(g/L)	5	5	5	5	7	7	7	7	10	8	8	10	10	10	10	10
元明粉/(g/L)	—				10	15				15	20			20	25	—
太古油	数滴(能把染料调成浆状即可)															
浴比	1:50															
还原温度	甲法:60℃　乙法 50℃　丙法:30℃															
染色温度	甲法:60℃　乙法 50℃　丙法:30℃															
氧化方法	一般:空气或水浴氧化；难氧化的:过硼酸钠 3g/L,30~50℃,10min;或重铬酸钠 1~2g/L,50~70℃,10min;或次氯酸钠 1.5~3g/L,室温,15~30min.															
皂煮	肥皂 4g/L,纯碱 3g/L,浴比 1:30,90~95℃,10min															

2. 染色操作

（1）染液配制　要进行还原染料浸染，首先要把还原染料还原成隐色体溶液。还原方法有如下两种：

① 干缸还原法　称取染料放入小烧杯中，加太古油数滴调成浆状，用热水（约 30mL）调匀，然后加入 2/3 的烧碱和保险粉，并使染浴量为全浴量的约 1/3，在规定温度下还原 10~15min 直至染液澄清（或将染液滴于滤纸上，无浮渣出现）；另外，预先在染杯内加入剩余的烧碱和保险粉及水。然后将上述干缸还原液加入，即组成染液。

② 全浴还原法　在染杯内加入称好的染料，滴加太古油调成浆状，用少量热水调匀，然后加入烧碱和保险粉，加入水至全浴量，在规定温度下还原 10~15min 至染液澄清。

根据染料的还原性能选择还原方法。常用染料的还原方法参阅还原染料应用手册。还原溶解时要注意还原的温度、时间，以及烧碱和保险粉的用量，必须要达到要求，否则可能会发生还原溶解不良现象，导致染品颜色变浅甚至染不上颜色。

（2）染色工艺流程和工艺曲线

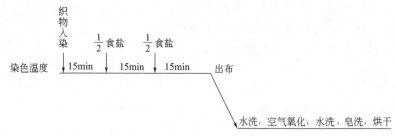

将染液调到染色温度→漂白棉织物浸渍温水→挤干→织物入染→染色 10～15min→加入 1/2NaCl→再染 10～15min→加入剩余的 1/2 NaCl→续染 10～15min→取出织物冷水轻洗→均匀挤干→摊开放在空气中氧化 10min 或用氧化剂溶液氧化→热水洗→皂煮（肥皂 4g/L、纯碱 3g/L、浴比 1：30，95℃，10min）→热水洗→冷水洗→熨干。

（3）染色操作　置染杯于水浴锅中，将温度升至规定染色温度，把经充分润湿并挤干的试样放入染液中，染色 15min 加入 1/2 食盐（甲法不加），再经 15min 加入另外的 1/2 食盐，继续染色 15min；取出试样，均匀挤干，摊开放在空气中氧化 10min，水洗（剪取部分试样，贴样，以做对比），皂煮（90～95℃，10min），热水洗，冷水洗，熨干，剪样和贴样。

3. 注意事项

（1）隐色体染色时要经常搅动织物，但不宜过于剧烈，以防保险粉大量分解。另外，染色时要保持织物不露出液面，以防空气氧化。

（2）要每隔 10～15min 检查一次氢氧化钠和保险粉是否足量（检验 NaOH 的方法：用 pH 试纸检验，染色液 pH 值保持在 13 左右；检验保险粉的方法：还原黄 G 试纸在 3s 内由黄变蓝，若变蓝较慢，说明保险粉的量已不足），若氢氧化钠和保险粉量不足时，会使隐色体过早氧化或溶解不良而影响上染，此时，要适量补加。

（3）一般用空气氧化，成本低，操作方便；也可根据不同的还原染料选用氧化剂氧化。

（4）氧化前的水洗去碱程度，要依据染料的氧化特性而定。难氧化的染料，适合在适当碱性条件下氧化，可确保氧化充分。而氧化快，特别是容易"过氧化"的一些染料，在碱性较强的条件下氧化，则容易发生"过氧化"，使色泽泛绿变暗，使色光失去真实性。所以，氧化前的水洗要强一些，织物带碱要少一些。

4. 还原染料浸染常见的问题及解决的措施

（1）布面上出现深色色斑　发生的原因是在染色过程中追加 NaOH 溶液时，碱液直接滴到布面上，造成棉纤维碱缩膨化致使局部吸收了较多染料，解决办法是注意追加碱剂时的操作，避免碱液直接滴到布面上。

（2）得色浅或色光不正　主要是染浴的烧碱和保险粉用量不足，或还原温度不够，导致染浴还原能力不强，染料没有得到充分的溶解变成隐色体，染料无法被纤维吸收，所以氧化后得色浅，色光不正。解决办法是加强染料的干缸还原过程的操作及保证烧碱和保险粉用量，可从隐色体颜色变化来判断还原溶解的情况。

→ 讨论与总结

1. 如何确保染液充分还原溶解？

2. 还原染料浸染的操作要点是什么？

3. 哪些工艺条件（或操作）影响织物染色效果？

4. 比较皂煮前后织物颜色的变化。

5. 总结班上其他同学染色失败的现象并分析其产生的原因。

任务 4　还原染料小样轧染

知识与技能目标

了解还原染料轧染打样的染色方法及其常用的材料和仪器设备；

了解还原染料轧染打样常用设备的性能特点；

了解还原染料轧染工艺对获色效果的影响；

理解所用还原染料在所染织物上得色特点；

掌握还原染料小样轧染工艺及操作过程。

完成任务指引

一、准备染色材料、试剂和仪器

（1）实验材料　纯棉半制品（每块 100mm×200mm）。

（2）实验仪器　立式或卧式小轧车、电炉（皂煮）、烘箱、电子天平、托盘天平、玻璃染杯（250mL）、量筒（100mL）、烧杯（50mL，500mL，1000mL）、温度计（100℃）、玻璃棒、电熨斗、角匙。

（3）实验药品　还原染料、保险粉、烧碱、扩散剂 NNO、渗透剂 JFC、防泳移剂、30％双氧水、纯碱、工业品皂粉或洗涤剂。

二、还原染料小样轧染工艺与操作

1. 工艺流程

浸轧染料悬浮液（室温，二浸二轧，轧余率 65％～70％）→烘干（80～90℃）→浸轧还原液（室温，一浸一轧）→汽蒸（100～102℃，1min 左右）→冷水洗→氧化→热水洗→皂洗（肥皂 5g/L，纯碱 3g/L，浴比 1∶30，95℃以上，3～5min）→热水洗→冷水洗→熨干

2. 染色参考工艺

表 8-6 列出了还原染料悬浮体轧染连续汽蒸还原法深、中、浅档参考染色浓度的工艺。其他染料浓度对应的各助剂用量可采用插值计算法或参考染料应用手册来确定。

表 8-6　还原染料悬浮体轧染连续汽蒸还原法染色参考工艺

悬浮染液	染料/(g/L)	5	10	20	40
	扩散剂 NNO/(g/L)	0.8	1.2	1.5	2.0
	渗透剂 JFC/(g/L)	1	1.5	2	2.5
	防泳移剂/(g/L)	10	10	10	10
还原液	烧碱/(g/L)	20	22	25	35
	85％保险粉/(g/L)	18	20	22	32
氧化	氧化剂氧化	30％双氧水/(g/L)	2	2	2.5	3
		工艺条件	温度 40～50℃,时间 3～5min			
	透风氧化	工艺条件	室温,时间 10～15min			
皂煮	肥皂/(g/L)	5			
	纯碱/(g/L)	3			
	工艺条件	浴比 1∶30,95℃以上,3～5min			

3. 染色操作

（1）计算工艺染化剂用量　按染料悬浮染液处方方案，计算配制 100mL 染液所需染料和助剂的用量；按还原液处方方案，计算配制 100mL 还原液保险粉、氢氧化钠的用量。

（2）配制染料悬浮液　将称取的染料置于 250mL 烧杯中，滴加扩散剂和渗透剂 JFC 溶液调成浆状，研磨 10～15min，加入少量水搅拌均匀，加水稀释至规定液量待用。

（3）织物浸轧染液　将染液搅拌均匀，把准备好的干织物小样小心放入染液中，室温下二浸二轧，每次浸渍时间约 10s。

（4）烘干：浸轧后的织物悬挂在 80～90℃ 烘箱内烘干。

（5）配制还原液　将称取的保险粉置于 250mL 烧杯中，加水溶解后加入氢氧化钠，加水稀释至规定液量搅拌均匀，待用。

（6）浸渍还原液　将冷却后的烘干织物浸渍还原液后立即取出，平放在一片聚氯乙烯塑料薄膜上，并迅速盖上另一片薄膜，压平至无气泡。

（7）汽蒸还原上染　采取塑料薄膜模拟汽蒸法，把塑料薄膜包裹的布样置于 130℃ 烘箱内预烘 2min，使之还原（直到塑料薄膜四周黏合、中间鼓起气泡为止）。

（8）染后处理　将塑料薄膜袋撕破，取出织物置于配制好的双氧水溶液中氧化 3～5 min 或进行透风氧化 10～15min，然后水洗、皂煮、水洗、干燥。

（9）剪样和贴样。

4. 注意事项

（1）还原染料颗粒要细而匀（≤2μm），以确保染料悬浮液稳定及还原速率。染色前应对染料的颗粒细度进行检验，常用滤纸渗圈测定法。

（2）织物浸轧前后要防止碰到水滴。

（3）织物浸渍还原液时要保持平整且时间要短，防止染料脱落。

（4）浸轧悬浮液后烘干时必须注意布面均匀加热，防止染料泳移造成染色不匀。烘箱温度一般控制在 80～90℃ 为宜。

（5）烘干后的织物冷却后，再浸渍还原液，避免还原液温度上升导致保险粉分解。

（6）浸轧悬浮体液后烘干要均匀。浸渍还原液带液量不可过多，浸渍后织物要快速夹入塑料薄膜袋中并立即放入烘箱内。塑料薄膜内空气应排尽，压平至无气泡，防止影响染料还原。

➡ 讨论与总结

1. 还原染料悬浮体轧染的操作要点是什么？
2. 哪些工艺条件和操作环节会影响染色效果？
3. 总结班上其他同学染色出现的问题并分析产生的原因。

任务5　硫化染料小样浸染

🛠 知识与技能目标

了解硫化染料浸染打样的染色方法及其常用的材料和仪器设备；

了解硫化染料浸染工艺对获色效果的影响；

了解所用硫化染料在所染织物上得色特点；

掌握硫化染料还原溶解的操作过程及注意事项；

掌握硫化染料小样浸染工艺及操作过程。

>>> 完成任务指引

一、准备染色材料、试剂和仪器

（1）实验材料　漂白棉织物（每块重 2g）。

（2）实验仪器　恒温水浴锅、电炉、电子天平、托盘天平、玻璃染杯（250mL）、量筒（100mL）、温度计（100℃）、玻璃棒、角匙、电熨斗。

（3）实验药品　硫化染料、硫化钠、食盐（或元明粉）、双氧水、尿素、醋酸钠、工业品皂粉或洗涤剂。

二、硫化染料小样浸染工艺与操作

1. 工艺处方及条件

表 8-7 列出了硫化染料浸染什色深、中、浅档和黑色的染色浓度的工艺。其他染料浓度对应的各助剂用量可采用插值计算法或参考染料应用手册来确定。

表 8-7　硫化染料浸染参考工艺

染料浓度/%(o. w. f.)	1	5	10	15
50%硫化碱/%(o. w. f.)	180	150	100	100
食盐/(g/L)	5	5	10	10
纯碱/(g/L)	1	2	3	3
染色温度/℃	90～95	90～95	90～95	90～95
染色时间/min	40	40	40	40
浴比	1:50	1:50	1:50	1:50
氧化方式	水洗、透风氧化:室温,10～15min。 氧化剂氧化:30%双氧水 0.3%～0.5%(o. w. f.),50～60℃,15～30min			
后处理	水洗、防脆处理或水洗、皂洗、水洗			

防脆工艺处方及条件：　　　　　　　　皂煮工艺处方及条件：

尿素（o. w. f.）	2%		肥皂	5g/L
醋酸钠（o. w. f.）	1%		碳酸钠	3g/L
浴比	1:50		浴比	1:30
温度	室温		温度	95℃
时间	10min		时间	5min

2. 操作步骤

（1）染浴配制　按工艺处方要求称取染料置于染杯中，用水调成浆状；称取规定量的硫化钠，加少量热水，加热使其溶解后倒入染杯中，并沸煮 10min；然后加沸水至规定浴量。

（2）工艺过程和工艺曲线

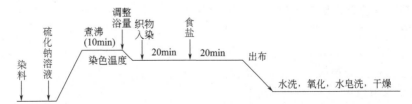

透风氧化及后处理方法：100mL 冷水洗→透风 10min→水洗→防脆处理→干燥。

氧化剂氧化及后处理方法：30%双氧水 0.3%～05%（o. w. f.），浴比 1:30，50～60℃

×20min→水洗→皂洗→水洗→干燥。

（3）实验操作

将染浴加热到规定的染色温度，将预先用温水润湿并挤干的试样投入染浴中，染20min后取出织物，加入食盐（或元明粉）搅拌均匀后再将织物投入染浴续染20min。取出织物，用冷水洗涤后悬挂于空气中氧化10min左右或置于氧化剂溶液中氧化20min左右，氧化完毕进行热水洗（70～80℃，3min，浴比1：30），皂煮，热水洗（同上），冷水洗，熨干。

三、注意事项

（1）对较难还原的硫化染料，可采用沸煮的方法进行还原溶解；有的还需加保险粉还原（如硫化还原染料）；

（2）染色中要经常搅动织物，但要保持织物不露出液面，以防空气氧化造成染色不匀；

（3）还原溶解要充分，加盐促染要缓慢均匀，以防产生色斑和染花；

（4）对色牢度要求较高的可进行固色处理。

➡ **讨论与总结**

1. 硫化染料浸染的操作要点是什么？
2. 哪些工艺条件和操作环节会影响到染色效果？
3. 比较与还原染料浸染的异同点。
4. 总结班上其他同学的染色效果并分析产生染色不良的原因。

任务6 涂料小样轧染染色

🔄 **知识与技能目标**

了解涂料小样轧染方法及其常用的材料和仪器设备；

了解涂料染色与染料染色机理的不同；

理解涂料轧染工艺对获色效果的影响；

掌握涂料小样轧染工艺及操作过程。

⏩ **完成任务指引**

一、准备染色材料、试剂和仪器

（1）实验材料 涤棉混纺织物半制品（每块100mm×200mm）。

（2）实验仪器 立式或卧式小轧车、烘箱、电子天平、托盘天平、量筒（100mL）、烧杯（50mL，500mL，1000mL）、温度计（100℃）、玻璃棒、电熨斗、角匙。

（3）实验药品 涂料、黏合剂、交联剂、平平加O。

二、涂料小样轧染工艺与操作

1. 工艺流程

小样浸轧涂料液（室温，二浸二轧，轧余率65%～75%）→烘干（80～90℃）→焙烘（160℃，2min）→（后处理）。

2. 涂料轧染液组成

表8-8列出了涂料轧染深、中、浅档参考染色浓度的处方。其他染料浓度对应的各助剂用量可采用插值计算法或参考染料应用手册来确定。

表 8-8 涂料轧染液组成参考处方

涂料/(g/L)	10	20	30	40
黏合剂/(g/L)	15	20	30	50
交联剂 EH/(g/L)	5	8	10	15
渗透剂/(g/L)	1	1	1	1
防泳移剂/(g/L)	10	15	20	25

3. 染色操作

（1）计算涂料和助剂用量　按工艺处方，计算配制 100mL 涂料轧染液所需的涂料和助剂用量。

（2）配制轧染工作液　将称取的涂料置于 250mL 烧杯中，加少量水搅匀，不断搅拌下依次加入黏合剂、交联剂等助剂，加水至规定液量，搅拌均匀。

（3）织物浸轧涂料液　将配好的涂料液倒入小搪瓷盘中，把准备好的织物平放入涂料液，室温下二浸二轧，每次浸渍时间约 10s，轧余率 65%～75%。

（4）烘干　浸染后的织物悬挂在 80℃烘箱内烘干。

（5）固色　烘干的小样置于烘箱内，160℃焙烘固色 2min。

（6）整理贴样。

4. 注意事项

（1）涂料粒径要小于 0.5μm，否则易出现色点疵病。

（2）涂料轧染液搅拌要充分均匀，浸轧染液要均匀，确保得色均匀。

（3）浸轧时温度不宜过高，一般为室温，以防止黏合剂过早反应，造成严重的粘辊现象而使染色不能正常进行。

（4）焙烘温度应根据黏合剂性能及纤维材料的性能确定，成膜温度低或反应性强的黏合剂，焙烘温度可以低一些。反之，成膜温度高或反应性弱的黏合剂，焙烘温度必须高些，否则将影响染色牢度。

➡ **讨论与总结**

1. 涂料轧染的操作要点是什么？

2. 哪些工艺条件和操作环节会影响到得色效果？

3. 比较班上其他同学的染色效果并分析产生问题的原因。

第二节　合成纤维织物小样染色

任务1　纯涤纶织物的分散染料小样染色

知识与技能目标

了解分散染料高温高压法染纯涤纶织物的染色方法及其常用的材料和仪器设备；

了解分散染料高温高压染色工艺对获色效果的影响；

熟悉所用分散染料在所染织物上得色特点；

掌握分散染料高温高压染色工艺及操作过程。

>> 完成任务指引

一、准备染色材料、试剂和仪器

（1）实验材料　纯涤纶织物（每块重2g）。

（2）实验仪器　高温高压染样或旋转式红外线染样机、电炉（皂煮）、烘箱、电子天平或托盘天平、玻璃染杯（250mL）、量筒（100mL）、烧杯（100mL）、容量瓶（250mL、500mL），吸量管（10mL）、温度计（100℃）、玻璃棒、电熨斗、角匙。

（3）实验药品　磷酸二氢铵、碳酸钠（工业品）、分散染料、分散剂NNO、纯碱、保险粉、平平加O、工业品皂粉或洗涤剂。

二、分散染料小样浸染工艺与操作

以高温高压染样机染色为例。

1. 分散染料高温高压染色处方

表8-9、表8-10列出了分散染料高温高压染色深、中、浅档参考染色浓度的处方及工艺。其他染料浓度对应的各助剂用量可采用插值计算法或参考染料应用手册来确定。

表 8-9　分散染料高温高压染色参考处方

染料浓度/%(o.w.f.)	0.5	1.0	2.0	4.0
磷酸二氢铵/(g/L)	2	2	2	2
扩散剂/(g/L)	1.5	1	0.5	—
浴比	1:50			
染液 pH	4.5~5.5			

表 8-10　皂洗或还原清洗参考工艺

用剂	肥皂/(g/L)	纯碱/(g/L)	保险粉/(g/L)	平平加O/(g/L)	温度/℃	时间/min
皂煮清洗	2	2			98~100	10
还原清洗		1~2	1~2	1	75~85	10~15

2. 染色工艺曲线

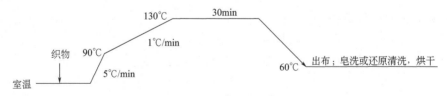

3. 操作步骤

（1）计算染料和助剂用量：根据染料染色浓度［%(o.w.f.)］、织物重量以及浴比，计算出染料以及各助剂的用量、染液配制的总液量。

（2）染浴配制：准确称取染料固体量，或吸取预先配好的母液，置于烧杯中，加入分散剂用少量冷水调匀，再加入溶解好的磷酸二氢铵，然后将染液转入染色机专用染杯内，加水至规定浴量，搅匀。

（3）将涤纶织物用水浸润并挤干挂在染杯芯架上，并放入染杯中，锁紧。

（4）根据染色工艺曲线，设定试样机升温速率、染色温度、染色时间。详细步骤参看高温高压试样机操作规程。

（5）设定参数完毕，盖上锅盖并锁上安全扣，启动搅拌装置，按染色工艺曲线开始染色。　当升温达到95℃时，关闭排气阀，进入高温高压染色阶段，操作者不得离开，必须在设备旁注意观察。

染色完毕，蜂鸣器响，打开冷水阀，让锅体夹套进行循环水冷却，使染机快速冷却。

4. 注意事项

（1）分散染料母液是悬浮液，易沉淀。每次吸料前要将染料母液摇匀后才能吸取，以免产生较大的浓度误差。

（2）要严格按照高温高压染色试样机操作规程进行操作，确保安全第一。

（3）染后锅盖开启前必须严格检查锅内温度是否降至85℃以下及锅内压力是否排尽。确认完毕后，才能开启锅盖，同时还要注意避免蒸汽冲人。

（4）注意温度升至90℃后应放慢升温速度，以免产生色差；染毕后降温要缓慢，以免产生皱纹和影响手感。

➡ 讨论与总结

1. 分散染料高温高压染色的操作要点是什么？

2. 哪些工艺条件和操作因素会影响到染色效果？

3. 总结其他同学的染色效果并分析染色不良产生的原因。

任务2　腈纶织物阳离子染料小样染色

♻ 知识与技能目标

了解阳离子染料对腈纶织物的染色方法及其常用的材料和仪器设备；

了解阳离子染料对腈纶织物染色常见的疵病及防止措施；

了解阳离子染料染色工艺对获色效果的影响；

熟悉所用阳离子染料在所染织物上得色特点；

掌握阳离子染料染腈纶的染色工艺及操作要点。

⏩ 完成任务指引

一、准备染色材料、试剂和仪器

（1）实验材料　腈纶毛线（每份2g）。

（2）实验仪器　恒温水浴锅（或振荡式小样染色机）、电炉（皂煮）、烘箱、电子天平、托盘天平、玻璃染杯（250mL）、量筒（100mL）、烧杯（50mL，500mL，1000mL）、容量瓶（250mL、500mL）、温度计（100℃）、玻璃棒、电熨斗、角匙。

（3）实验药品　HAc、NaAc、匀染剂、元明粉、阳离子染料。

二、腈纶织物阳离子染料小样浸染工艺与操作

1. 染色处方

表8-11列出了阳离子染料染色深、中、浅档参考染色浓度的处方。其他染料浓度对应的各助剂用量可采用插值计算法或参考染料应用手册来确定。

2. 工艺曲线

3. 染色操作

（1）吸取规定量醋酸母液、醋酸钠母液、匀染剂母液于染杯，并加入总液量70%的水配

表 8-11　阳离子染料染色参考处方

染料浓度/%(o.w.f.)	0.5	1.0	2.0
冰醋酸/%(o.w.f.)	3.0	2.5	2.0
醋酸钠/%(o.w.f.)	1.0	1.0	1.0
匀染剂 1227/%(o.w.f.)	2	1.5	1
元明粉/%(o.w.f.)	10	8	5
pH 值	3.0～4.5	4.0～5.0	4.0～5.0
浴比	1∶50	1∶50	1∶50

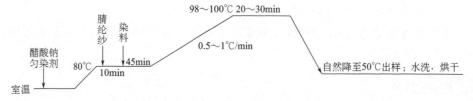

成溶液，混匀，调节 pH 值至规定值。

（2）将上述溶液置于水浴升温至 80℃，然后投入腈纶纱线处理 10min。

（3）取出纱线，在染杯中加入规定量染料母液，补加水量至总浴量，再把纱线放回，在80℃恒温染色 45min，并不断翻动试样。

（4）严格控制升温速率升温至沸，续染 20～30min。

（5）取出染杯，让其自然降温至 50℃，取出试样，水洗，熨干，整理贴样。

4. 注意事项

（1）配制染料母液时要先加入适量醋酸助溶（母液所含醋酸量要计入处方量），将染料调成浆状，再加入适量沸水溶解，使染料充分溶解后，待冷却至室温才能移入容量瓶中。

（2）腈纶染色较易染花，必须严格控制好始染温度和升温速率，染浅色时，入染温度为为 60℃，中、深色入染温度为 80℃左右。如是手工染色还要经常搅拌，以免染花。

（3）染色时间要足够，使染色达到匀染效果。

（4）染色结束后，取出染杯，让其自然降温到 50℃，取出试样，水洗。切忌在高温条件下马上取出毛线用冷水洗涤，否则影响手感。

 讨论与总结

1. 腈纶织物阳离子染料浸染的操作要点是什么？

2. 哪些条件和操作会影响到染色效果？

3. 总结班上出现的染色疵病情况并分析产生的原因。

第三节　混纺及交织纤维制品小样染色

任务　涤/棉混纺织物分散/活性染料染色

知识与技能目标

了解涤/棉混纺织物分散/活性染料的染色方法及其常用的材料和仪器设备；

了解涤/棉混纺织物分散/活性染料各种染色方法的优缺点；

了解所用染色工艺对获色效果的影响；

熟悉所用染料组合在所染织物上得色特点；

掌握涤/棉混纺织物分散/活性染料常用的染色工艺及操作要点。

》》》 完成任务指引

一、准备染色材料、试剂和仪器

(1) 实验材料　涤/棉混纺织物半制品（每块 100mm×200mm 或每块 2g）。

(2) 实验仪器　高温高压染色机（或红外线染样机）、恒温水浴锅（或振荡式小样染色机）、小型轧染机、小型定型机、电炉（皂煮）、烘箱、电子天平、托盘天平、玻璃染杯（250mL）、量筒（100mL）、烧杯（50mL，500mL，1000mL）、温度计（100℃）、玻璃棒、电熨斗、角匙。

(3) 实验药品　磷酸二氢铵、碳酸氢钠、磷酸钠、氯化钠、尿素、工业品皂粉或洗涤剂、扩散剂 NNO、渗透剂 JFC、防泳移剂、分散染料和活性染料。

二、涤/棉混纺织物小样染色工艺与操作

(一) 浸染工艺

1. 工艺方法

主要采取二浴二步法染色，先采用分散染料染涤/棉混纺织物中的涤纶组分，再采用活性染料染其中的棉组分。

2. 实验步骤

(1) 分散染料染色　高温高压染色（方法同模块二任务 1）。染色后仅水洗或还原清洗，不需要皂洗。

(2) 活性染料染色　碱性条件下浸染（方法同模块一任务 1）。

3. 注意事项

(1) 前处理后的布面 pH 要呈中性，以免影响染液的 pH 值。

(2) 染色前做好染液 pH 值的测试工作，保证 pH 值控制在工艺要求范围内。

(3) 分散染料染色后的还原清洗一定要干净，以免影响活性染料染色色光的准确性。一般情况下，当染料用量小于 0.3%（o.w.f.）可不用作还原清洗。

(4) 特别注意织物染色完毕后，待高温机降温到 80℃ 以下时再取出。

(二) 轧染工艺

以一浴一步法为例。

1. 工艺处方

染色用剂	浓度
分散染料/(g/L)	x
活性染料/(g/L)	y
碳酸氢钠/(g/L)	10~20
尿素/(g/L)	30~80
防泳移剂/(g/L)	10g
10%渗透剂 JFC/(g/L)	1~2

2. 工艺流程

涤、棉混纺织物→浸轧染液（室温，二浸二轧，带液率 70%）→烘干→热熔（180℃，

2min)→汽蒸（100～102℃，2min)→热水洗→皂洗→热水洗→冷水洗→熨干。

3. 染色操作

计算配制 100mL 染液所需的染料和助剂量。分别称取规定量的分散和活性染料、尿素于 250mL 烧杯中，加适量水使染料分散、溶解，称取规定量的碳酸氢钠，加适量水溶解后倒入染液中，最后加入规定量 10％渗透剂 JFC 溶液和其他助剂溶液，再加水至规定量。预先调整轧车，使织物的带液率为 70％。在室温下将涤棉混纺织物放入染液中浸透，经二浸二轧，带液率为 70％，放入烘箱中均匀烘干，再在小型热熔机内于 180℃焙烘 2min，最后悬挂在蒸箱内于 100～102℃汽蒸 2min，再经热水洗（70～80℃，3min，浴比 1∶30），皂洗（皂粉 5g/L，100℃，3min，浴比 1∶30），热水洗（同前），冷水洗，熨干。

此外，还有采用一浴二步法的，即轧染浴中不含固色用碱，热熔后再经轧碱、汽蒸固色。

4. 注意事项

（1）加强对分散染料以及活性染料的选择，减少相互干扰。应选择升华牢度高，对碱不敏感的分散染料，热熔温度宜控制在下限；活性染料则选择能耐高温的，选用碱性较低的小苏打固色，并控制碱剂用量在下限。

（2）配制染液要确保活性染料充分溶解，分散染料不能有凝聚现象。

（3）焙烘时间一般由颜色的深浅而定，浅色可在较低温度、较短时间内进行；深色相反，时间较长，可使染料充分热熔，进入纤维，提高耐洗、耐摩擦牢度。

（4）要控制汽蒸时间，保证染料的上染和固色，过长会使染料再次水解，太短则固色不充分。

→ **讨论与总结**

1. 涤/棉混纺织物分散/活性染料染色常用工艺的操作要点是什么？
2. 引起涤/棉混纺织物分散/活性染料染色得色不良的因素有哪些？
3. 总结小样得色不良的现象并分析产生的原因。

拓展一 ☆ **混纺或交织织物的打样方法**

1. 首先确定混纺或交织织物的纤维成分及组成比例

混纺或交织物打样必须先辨清织物由哪些纤维组成的、大致的构成比例等。一般先用燃烧法确定大致的成分，然后再用溶解法对纤维的成分和组成进行定性、定量的分析。

2. 确定各纤维成分所使用的染料类型及具体型号

根据颜色特征、色牢度指标及生产成本等要求决定选择染料的类型。各纤维染色所使用的染料大类和小类可能不止一种，要根据染色质量指标、生产成本、生产效率、生产效益等要求，确定染料型号。同时，还要考虑所使用的染料对另一种纤维的强度及染色是否有影响。如，一种纤维所使用的染料不能沾染另一种纤维，否则会影响染色牢度。

3. 确定染色方法

根据订单要求及车间生产设备确定打样的方法是用浸染还是轧染。浸染还要考虑采用的是二浴法还是一浴二步法或一浴一步法。

二浴法染色首先要确定染料染色的顺序。一般来说先高温后低温，且保证第二次染色（也称为套色）不影响到第一次染色的颜色和质量。

以 T/C 或 CVC 混纺织物打样为例：先用溶解法确定涤和棉的纤维成分及组成，是涤多棉少还是棉多涤少，以此确定涤成分所用分散染料的型号、浓度及棉成分所用染料的型号和浓度。

　　T/C 或 CVC 混纺织物一般先用分散染料染涤纶部分，浸染采用高温高压法，轧染则采用热熔法。此时打样方法同单一的分散染料染涤纶。T/C 或 CVC 混纺织物染涤后要用浓硫酸烂棉后才能准确地对涤纶成分进行对色。只有涤纶的颜色与标样接近后才能染棉。当涤的颜色正确后，可同时多染几块小样以提高套棉的效率。套棉后织物的颜色即是混纺织物的整体颜色。涤棉或者其他混纺织物的染色一定要注意两种纤维成分的颜色要基本一致，否则会造成混纺织物颜色的不均匀。值得注意的是，大部分情况下色样要求涤与棉的颜色一致，也叫均一色；而有时客户为了特殊的效果，要求涤与棉的颜色不一致，即双色效果。在审样时一定要注意，以防出错。

 ☆ T/C 或 CVC 混纺织物用浓硫酸烂棉方法

　　先在烧杯中加入 10mL 水，然后慢慢加入 10mL 的浓硫酸，不断搅拌，待温度降到 80℃ 时加入涤棉布，搅拌，直到将棉全部烂掉。水洗，用手搓洗。烘干对色。

　　涤棉混纺织物用浓硫酸烂棉一要注意安全，二要防止涤变色。烂棉时水与浓硫酸的比例一般为 1∶1 或 2∶1，而且一定是先在烧杯中加入水，再边搅拌边加入浓硫酸，烂棉的温度不超过 80℃，易变色的颜色如鲜艳的大红色烂棉温度一般为 60℃。

第九章 印花打样工艺与操作

本章要学习织物小样采取常用染料印花获色的方法。遵循尽量采取大货生产的工艺进行仿色的原则，由于不同厂家、不同的印制方式、不同的产品质量要求、不同的管理都可能影响到大货的生产工艺。本章列举的印花打样参考工艺和印花操作按照常规进行。

任务1 棉织物活性染料直接印花打样

知识与技能目标

了解活性染料直接印花打样的方法及其常用的材料和仪器设备；

了解活性染料直接印花打样工艺对获色效果的影响；

熟悉所用活性染料在所印织物上得色特点；

掌握活性染料直接印花工艺及操作要点。

完成任务指引

一、准备印花材料、染化料和仪器设备

（1）仪器设备　印花网框（或聚酯薄膜版、台板、镍网等）、刮刀、印花垫板、电子天平（或托盘天平）、电炉、烘箱、蒸箱（或蒸锅）、搪瓷杯（或不锈钢杯）（100mL、500mL）、烧杯（50mL、250mL、500mL、1000mL）、量筒（10mL、100mL）、刻度吸管（10mL）、吸球、熨斗等。

（2）染化药品

① 染化料　K型活性染料（或KN型、M型、B型、BF型等）、防染盐S、尿素、碳酸氢钠、洗涤剂或皂粉。

② 原糊　8%海藻酸钠糊。

（3）织物　棉织物半制品。

二、活性染料小苏打一相法印花工艺与操作

1. 工艺流程

织物→印花→烘干→汽蒸（100～102℃，7～8min）→强力冷流水冲洗→皂洗（洗涤剂3g/L，100℃，5 min)→热水洗（60～80℃，5 min）→冷水洗→熨干

2. 印花处方

表9-1列出了活性染料小苏打一相法印花参考处方，其中染料用量范围包括了深、中、浅档参考花色浓度，举例处方为确定具体浓度染料印花所需助剂用量提供参考，也可采用插值计算法或参考染料应用手册来确定助剂用量。

对于不同类型的活性染料或不同的花色浓度，处方中的助剂具体用量会有变化。请参阅《印染手册》或《活性染料应用手册》。

表 9-1　活性染料小苏打一相法印花参考处方

项　目	参考处方	处方举例	项　目	参考处方	处方举例
活性染料/g	15～100	30	碳酸氢钠/g	10～30	20
尿素/g	30～150	50	8%海藻酸钠糊/g	400～600	500
防染盐 S/g	10	10	合计/g	1000	1000
热水	适量	适量			

3. 操作过程

(1) 按配制一定量色浆（视印制方式而定，手工刮印的一般 30g 即可）要求计算染料及助剂用量。

(2) 分别称取尿素、防染盐 S 置于 50mL 小烧杯中，加入适量纯净水溶解（可在水浴中适当加热），然后将此溶液倒入已经称取了染料的烧杯中将染料溶解，可将烧杯放在水浴中加热，使染料充分溶解。

(3) 用 100mL 的搪瓷杯称取海藻酸钠原糊，将已溶解好的染料溶液分多次加入原糊中，边加边搅拌，最后用少量的纯净水把烧杯中的染液洗入。然后把溶解好的碱剂加入，加纯净水至总量，搅拌均匀待用。

(4) 将白布平放在印花垫板上（必要时可以将白布贴稳），花版覆盖在白布上，在花版的前端倒上色浆，用刮刀均匀用力刮浆（刮一次即可），刮毕抬起花版，将花纹处色浆烘干。

(5) 将印花布样用衬布包好，放在蒸箱中汽蒸 7～8min，再用强力冷流水冲洗、皂煮、热水洗、冷水洗和烘干。

4. 注意事项

(1) 根据不同类型、性能的活性染料，合理选择碱剂。

(2) 织物要保持平整，不能有皱纹。

(3) 刮刀一般用 V 字口的橡胶刮刀。刮印时要注意刮刀的角度、力度、速度。

(4) 注意调浆加入的水量，不能超出处方中的用量，否则会改变色浆的黏度。黏度的控制以大车生产使用的色浆黏度为准。

(5) 冷流水冲洗要充分，以免沾污白地。

(6) 由于化验室印花打样的刮印方式与大车生产时的刮印方式相差较大，这样导致大小样色差较大，要注意修正。

▶ 讨论与总结

1. 活性染料一相法印花工艺的操作要点是什么？

2. 影响到得色效果的工艺因素及操作因素有哪些？

3. 总结打样出现的问题及分析产生的原因。

任务 2　涂料小样印花

✿ 知识与技能目标

了解涂料直接印花打样的方法及其常用的材料和仪器设备；

了解涂料直接印花打样工艺对获色效果的影响；

掌握涂料直接印花工艺及操作要点。

▶▶▶ 完成任务指引

一、准备印花材料、染化料和仪器设备

（1）**仪器设备** 印花网框（或聚酯薄膜版、台板、镍网等）、刮刀、印花垫板、电子天平（或托盘天平）、电炉、烘箱、小型焙烘定型机（或烘箱）、搪瓷杯（或不锈钢杯）（100mL、500mL）、烧杯（50mL、250mL、500mL、1000mL）、量筒（10mL、100mL）、刻度吸管（10mL）、吸球、熨斗等。

（2）**染化料** 涂料、尿素、黏合剂、合成增稠剂（或乳化糊 A）。

（3）**织物** 棉织物半制品（或涤纶织物、涤棉混纺织物等）。

二、涂料印花工艺与操作

1. 工艺流程

织物→印花→烘干→焙烘（150～160℃，3 min）。

2. 印花处方

表 9-2 列出了涂料印花深、中、浅档参考花色浓度的处方，举例处方为具体浓度涂料印花所需助剂用量确定提供参考，也可采用插值计算法或参考涂料应用手册来确定助剂用量。

表 9-2 涂料印花参考处方

项　目	参　考　处　方			处方举例
涂料/g	5～50	50～100	100～150	60
尿素/g	50	50	50	50
水	适量	适量	适量	适量
合成增稠剂/g	20	20	20	20
自交联黏合剂/g	300	400	500	400
合成/g	1000	1000	1000	1000

3. 操作过程

（1）按配制一定量色浆要求计算涂料及助剂用量。

（2）称取尿素置于 50mL 小烧杯中，加入适量纯净水溶解。依次称取糊化好的合成增稠剂、黏合剂和涂料置于 100mL 搪瓷杯中，搅拌均匀，然后在搅拌过程中，将已经溶解好的尿素慢慢倒入，最后搅拌均匀待用。

（3）将白布平放在印花垫板上（必要时可以将白布贴稳），花版覆盖在白布上，在花版的前端倒上色浆，用刮刀均匀用力刮浆（刮一次即可），刮毕抬起花版，将花纹处色浆烘干。

（4）将印花布样绷在针框上，在焙烘机中以 150～160℃焙烘固色 3min。

4. 注意事项

（1）根据不同种类黏合剂要求，考虑是否加入交联剂并选择适合的焙烘温度。

（2）增稠剂也可以选择乳化糊 A，可以根据色浆的厚薄调整处方中增稠剂的用量。

（3）根据织物的渗化性能选择是否加入尿素。

（4）要控制刮印的力度、角度和速度。

▶ 讨论与总结

1. 涂料印花工艺的操作要点是什么？

2. 哪些因素会影响到花纹得色的深浅？

3. 总结班里打样出现的疵病并分析产生的原因。

任务3 涤/棉混纺织物小样分散/活性同浆印花

知识与技能目标

了解分散/活性同浆印花一步法打样的方法及其常用的材料和仪器设备；

了解分散/活性同浆印花一步法印花打样工艺对获色效果的影响；

了解所用分散/活性染料在所印织物上得色特点；

掌握分散/活性同浆印花一步法打样印花工艺及操作要点。

分散/活性染料同浆印花工艺方法。印花工艺按照活性染料的固色方式而不同，可分为一步印花法和二步印花法两种，以一步印花法工艺最为常用。

完成任务指引

一、准备印花材料、染化料和仪器设备

（1）仪器设备 印花网框（或聚酯薄膜版、台板、镍网等）、刮刀、印花垫板、电子台秤（或托盘天平）、电炉、烘箱、小型焙烘定型机、蒸箱（或蒸锅）、搪瓷杯（或不锈钢杯）（100mL、500mL）、烧杯（50mL、250mL、500mL、1000mL）、量筒（10mL、100mL）、刻度吸管（10mL）、吸球、熨斗等。

（2）染化药品

① 染化料 活性染料、分散染料、防染盐S、尿素、碳酸氢钠、洗涤剂或皂粉。

② 原糊 8%海藻酸钠糊。

（3）织物 涤棉混纺织物半制品

二、印花工艺与操作

1. 工艺流程

涤棉混纺织物→印花→烘干→焙烘（200℃，1.5min）→汽蒸（100~102℃，7min）→冷流水冲洗→皂煮（洗涤剂3g/L，100℃，3~5 min）→热水洗（60~80℃，5 min）→冷水洗→熨干

2. 印花处方

表9-3列出了分散/活性染料同浆印花参考处方，处方适用于深、中、浅档参考花色浓度，举例处方为具体浓度染料印花所需助剂用量确定提供参考，也可采用插值计算法或参考染料应用手册来确定助剂用量。

表 9-3 分散/活性染料同浆印花参考处方

项 目	参考处方	处方举例	项 目	参考处方	处方举例
活性染料/g	x	12	水	适量	适量
分散染料/g	y	18	碳酸氢钠/g	10~15	10
尿素/g	30~150	50	8%海藻酸钠糊/g	300~500	400
防染盐S/g	10	10	合成/g	1000	1000

3. 操作过程

（1）按配制一定量色浆要求计算染料及助剂用量。

（2）分别称取尿素、防染盐S置于50mL小烧杯中，加入适量纯净水溶解（可在水浴中适当加热），然后倒入已经称取活性染料的50mL小烧杯中将染料溶解，可将烧杯放在水浴中加热，使染料充分溶解。另用50mL小烧杯将分散染料化开。

（3）用 100mL 搪瓷杯称取海藻酸钠原糊，将已溶解好的活性染料分多次加入原糊中，并边加边搅拌，再把溶解好的碱剂加入搅匀，然后将分散染料溶液加入，最后用少量的纯净水把烧杯中的染液洗入，加纯净水至总量，搅拌均匀待用。

（4）将白布平放在印花垫板上（必要时可以将白布贴稳），花版覆盖在白布上，在花版的前端倒上色浆，用刮刀均匀用力刮浆（刮一次即可），刮毕抬起花版，将花纹处色浆烘干。

（5）将印花布样先焙烘，然后用衬布包好，放在蒸箱中汽蒸，再用强力冷流水冲洗、皂煮、热水洗、冷水洗和烘干。

4. 注意事项

（1）活性染料应选择耐高温的品种，分散染料要选择耐碱的品种。

（2）染料、助剂要充分溶解，分散染料不能产生凝聚现象。

（3）刮印时织物要平整，刮印的力度、角度、速度要均匀一致。

（4）焙烘、汽蒸的温度、时间要足够，确保染料上染发色充分。

（5）冷流水冲洗要充分，以免沾污白地。

➡ 讨论与总结

1. 涤/棉混纺织物小样分散/活性同浆印花工艺的操作要点是什么？

2. 分析影响打样得色效果的工艺因素。

3. 总结班上打样出现的疵病现象并分析产生的原因。

任务 4　酸性染料直接印花打样

🔄 知识与技能目标

了解酸性染料直接印花打样的方法及其常用的材料和仪器设备；

了解酸性染料直接印花打样工艺对获色效果的影响；

熟悉所用酸性染料在所印织物上得色特点；

掌握酸性染料直接印花工艺及操作过程。

≫ 完成任务指引

一、准备印花材料、染化料和仪器设备

（1）仪器设备　印花网框（或聚酯薄膜版、台板、镍网等）、刮刀、印花垫板、电子台秤（或托盘天平）、电炉、烘箱、蒸箱（或蒸锅）、搪瓷杯（或不锈钢杯）（100mL、500mL）、烧杯（50mL、250mL、500mL、1000mL）、量筒（10mL、100mL）、刻度吸管（10mL）、吸球、熨斗等。

（2）染化药品

① 染化料　硫酸铵、尿素、弱酸性染料。

② 原糊　12%玉米淀粉糊。

（3）织物　蚕丝织物（或毛织物、锦纶织物）。

二、印花工艺与操作

1. 工艺流程

白布→印花→烘干→汽蒸（100～102℃，12～15min）→冷流水冲洗→热水洗（60～

80℃，5min)→冷水洗→熨干。

2. 印花处方

表 9-4 列出了酸性染料印花参考处方，处方适用于深、中、浅档参考花色浓度，举例处方为具体浓度染料印花所需助剂用量确定提供参考，也可采用插值计算法或参考染料应用手册来确定助剂用量。

表 9-4　酸性染料印花参考处方

项目	参考处方	处方举例	项目	参考处方	处方举例
弱酸性染料/g	x	15	硫代双乙醇/g	50	50
尿素/g	50	50	水/g	适量	适量
硫酸铵/g	30	30	12%玉米淀粉糊/g	500～600	500
氯酸钠/g	8	8	合成/g	1000	1000

3. 操作过程

（1）按制备一定量色浆要求计算染料和助剂用量。

（2）称取弱酸性染料置于 50mL 小烧杯中，加少量纯净水调成浆状，再加入尿素、硫代双乙醇和纯净水，加热、搅拌，使染料完全溶解后备用。

（3）称取硫酸铵于 50mL 小烧杯中，加入少量纯净水溶解后备用。

（4）用 100mL 搪瓷杯称取 12%玉米淀粉原糊，将溶解好的染料分多次加入，并搅拌均匀，最后用少量的纯净水把烧杯中的染液洗入。再分别将已溶解好的硫酸铵、氯酸钠溶液慢慢倒入，搅拌均匀后待用。

（5）将白布平放在印花垫板上（必要时可以将白布贴稳），花版覆盖在白布上，在花版的前端倒上色浆，用刮刀均匀用力刮浆（刮一次即可），刮毕抬起花版，将花纹处色浆烘干。

（6）将印花布样用衬布包好，放在蒸箱中汽蒸，然后经冷水洗、热水洗、冷水洗和熨干。

4. 注意事项

（1）调制色浆时注意计算水的用量，不要超过色浆总量。

（2）根据需要，也可选用强酸性染料、金属络合染料打样。

（3）汽蒸时间要足够，确保染料充分上染。

（4）注意控制水洗程度，避免染料溶落过多。

→ 讨论与总结

1. 总结酸性染料直接印花打样的操作要点。

2. 分析影响得色效果的因素。

3. 为什么不安排皂洗？皂洗对得色有什么影响？

第十章　染色打样综合实训

仿色打样实训是根据客户来样或指定染色样板自行设计、制定合理的染色工艺处方，通过染色处理，仿出与样板色泽一致的染色小样。通过综合实训，使学生对颜色混合规律的应用、染色打样的工艺条件、操作方法以及各种染化料的性质、配制方法有比较系统的认识和理解，掌握常用染色打样设备仪器的使用方法，能正确判断纺织品的色泽，熟练掌握化验室仿色打样技能；学生要能根据来样的颜色和织物质地材料，正确选用染化料，合理制订小样染色工艺，设计染色操作方法和操作步骤，并学会染色样的对色、色光调整等实践技能，全面了解染色产品的打样生产全过程，系统掌握仿色打样技术。学生在整个打样实训过程中的操作要严格、规范，以保证染色的重现性。

本章以一组三原色的活性染料采用浸染工艺拼色为例，系统集中地训练仿色打样整个工作过程。仿色实训遵循先易后难原则，首先安排单色、二拼色的色样实训，然后安排三拼色色样仿色，三拼色的又可以先安排难度较低的亮灰彩然后再到难度较高的暗灰彩的实训顺序。由易入难的递进训练，使学生体会原色组合和浓度配比变化对试样颜色的影响以及颜色的深浅、纯钝和色光偏向跟染料用量配比的关系。再以实例进行仿色实训，训练色彩知识的应用、打样全程的方法和技巧，以培养和巩固学生对色彩知识的应用以及打样技巧的学习，规范相关操作，练就扎实的仿色打样操作基础。

因篇幅有限，本章仅以浸染工艺为代表，由于不同染料打样的工作思路是一致的，所不同的就是工艺形式不同而已。染色综合实训包括了打样工作的主要过程和核心内容，可以为采取其他染色方法的打样以及印花打样提供参考。

知识与技能目标

了解活性染料三原色的单色、双色及三色相拼的颜色效果；

熟悉颜色理论特别是混色知识在打样中的应用；

掌握织物染色打小样的基本步骤和方法；

掌握调整控制小样色光的要领；

具有独立进行打小样操作的能力。

第一节　建立基础数据资料

建立基础数据资料主要是制作基础样卡。如条件许可，可以制作较多的不同染色浓度、不同的组合配比色样，有利于后面的对色寻方。这里以 M 型活性染料三原色为例，分别制作单色、双色相拼和三色相拼染色样卡。

小样染色操作流程及要求：以活性红 M-3BE、活性黄 M-3RE、活性深蓝 M-2GE 为三原色，采用浸染方式染色。

实训设备要求：常温振荡式染色小样机或水浴锅、灯箱烘箱运行正常，电炉、玻璃器皿和染料助剂齐备。

1. 染色工艺流程

以常温振荡式染色小样机为打样设备。

室温配液（染料溶解后加元明粉溶液）→升温至 60℃→润湿织物后入染（30min）→加纯碱固色（30min）→水洗→皂洗→水洗→烘干。

2. 工艺曲线

3. 皂洗工艺处方

中性洗涤剂	3g/L
浴比	1：30
温度×时间	95℃×3～5min

染色处理完毕，分别把所得的单色、双拼色、三拼色以及灰彩系列色样整理贴成系列样卡。

一、活性染料单色样训练

分别以三原色红、黄、蓝以单个染料按一定的浓度梯度染色，制作单色色谱色卡，了解每只染料色光特点以及颜色浓淡随染色浓度变化而变化的情况，并注意染料的染深性和力份表现情况。各色染料处方见表 10-1。

表 10-1　活性染料单色系列浓度处方

处方编号	1	2	3	4	5	6	7	8
染色浓度/%（o.w.f.）	0.1	0.5	1	1.5	2	3	4	5
元明粉/（g/L）	20	20	30	40	50	60	70	80
纯碱/（g/L）	10	10	15	20	25	30	30	35
浴比	1：50							
布重	2g							

染后处理烘干贴样。比较染料浓度和织物得色浓淡的对应关系，观察颜色三属性的特点，培养颜色的深浅量感，推测不同级间染料浓度与可能的得色浓淡效果。

二、活性染料双拼色样训练

制作两拼色色谱色卡，了解二次色组成情况及其色光的变化规律。

（一）染色浓度： 设为 3%（o.w.f.）

1. 橙色系

浓度设定和染色处方见表 10-2。

表 10-2　活性染料双拼橙色系系列浓度处方

处方编号	1	2	3	4	5	6	7	8	9
红色染料浓度/%（o.w.f.）	2.7	2.4	2.1	1.8	1.5	1.2	0.9	0.6	0.3
黄色染料浓度/%（o.w.f.）	0.3	0.6	0.9	1.2	1.5	1.8	2.1	2.4	2.7
元明粉/（g/L）	60								
纯碱/（g/L）	30								
浴比	1：50								
布重/g	2								

2. 绿色系

浓度设定和染色处方见表10-3。

表10-3 活性染料双拼绿色系系列浓度处方

处方编号	1	2	3	4	5	6	7	8	9
黄色染料浓度/%(o.w.f.)	0.3	0.6	0.9	1.2	1.5	1.8	2.1	2.4	2.7
蓝色染料浓度/%(o.w.f.)	2.7	2.4	2.1	1.8	1.5	1.2	0.9	0.6	0.3
元明粉/(g/L)	60								
纯碱/(g/L)	30								
浴比	1∶50								
布重/g	2								

3. 紫色系

浓度设定和染色处方见表10-4。

表10-4 活性染料双拼紫色系系列浓度处方

处方编号	1	2	3	4	5	6	7	8	9
蓝色染料浓度/%(o.w.f.)	2.7	2.4	2.1	1.8	1.5	1.2	0.9	0.6	0.3
红色染料浓度/%(o.w.f.)	0.3	0.6	0.9	1.2	1.5	1.8	2.1	2.4	2.7
元明粉/(g/L)	60								
纯碱/(g/L)	30								
浴比	1∶50								
布重/g	2								

（二）染色浓度分别设为：1.1%(o.w.f.)、1.3%(o.w.f.)、1.5%(o.w.f.)、2%(o.w.f.)

第一组：橙色系

染料浓度配比和处方见表10-5。

表10-5 活性染料双拼橙色系浓度配比处方

处方编号	1	2	3	4	5	6	7
红色染料浓度/%(o.w.f.)	1	1	1	1	0.5	0.3	0.1
黄色染料浓度/%(o.w.f.)	0.1	0.3	0.5	1	1	1	1
元明粉/(g/L)	30	30	40	50	40	30	30
纯碱/(g/L)	15	15	20	25	20	15	15
浴比	1∶50						
布重/g	2						

第二组：绿色系

染料浓度配比和处方见表10-6。

表10-6 活性染料双拼绿色系浓度配比处方

处方编号	1	2	3	4	5	6	7
蓝色染料浓度/%(o.w.f.)	1	1	1	1	0.5	0.3	0.1
黄色染料浓度/%(o.w.f.)	0.1	0.3	0.5	1	1	1	1
元明粉/(g/L)	30	30	40	50	40	30	30
纯碱/(g/L)	15	15	20	25	20	15	15
浴比	1∶50						
布重/g	2						

第三组：紫色系

染料浓度配比和处方见表 10-7。

表 10-7 活性染料双拼紫色系浓度配比处方

处方编号	1	2	3	4	5	6	7
蓝色染料浓度/%(o.w.f.)	1	1	1	1	0.5	0.3	0.1
红色染料浓度/%(o.w.f.)	0.1	0.3	0.5	1	1	1	1
元明粉/(g/L)	30	30	40	50	40	30	30
纯碱/(g/L)	15	15	20	25	20	15	15
浴比	1:50						
布重/g	2						

三、活性染料三原色拼色训练

分别制作三原色拼色宝塔色卡、灰彩色卡和灰色色卡。根据需要可以分别制作深、中、浅色宝塔图，为以后的打样仿色工作提供依据。每个色卡的染色总浓度可以根据实际需要设定。

（一）以 3%(o.w.f.) 为染色总浓度，分别按 0.3% 级差变化红、黄、蓝三只染料的比例，观察三原色颜色拼混的结果。参考浓度配比如表 10-8 所示，助剂条件见表 10-9 所示。

表 10-8 活性染料三拼浓度配比　　　　　　　%(o.w.f.)

序号	红	黄	蓝	序号	红	黄	蓝
1	2.4	0.3	0.3	19	0.9	1.2	0.9
2	2.1	0.6	0.3	20	0.6	1.5	0.9
3	1.8	0.9	0.3	21	0.3	1.8	0.9
4	1.5	1.2	0.3	22	1.5	0.3	1.2
5	1.2	1.5	0.3	23	1.2	0.6	1.2
6	0.9	1.8	0.3	24	0.9	0.9	1.2
7	0.6	2.1	0.3	25	0.6	1.2	1.2
8	0.3	2.4	0.3	26	0.3	1.5	1.2
9	2.1	0.3	0.6	27	1.2	0.3	1.5
10	1.8	0.6	0.6	28	0.9	0.6	1.5
11	1.5	0.9	0.6	29	0.6	0.9	1.5
12	1.2	1.2	0.6	30	0.3	1.2	1.5
13	0.9	1.5	0.6	31	0.9	0.3	1.8
14	0.6	1.8	0.6	32	0.6	0.6	1.8
15	0.3	2.1	0.6	33	0.3	0.9	1.8
16	1.8	0.3	0.9	34	0.6	0.3	2.1
17	1.5	0.6	0.9	35	0.3	0.6	2.1
18	1.2	0.9	0.9	36	0.3	0.3	2.4

表 10-9 助剂条件

元明粉/(g/L)	60	浴比	1:50
纯碱/(g/L)	30	布重/g	2

（二）分别以 0.5%（o.w.f.）、1.0%（o.w.f.）的染色浓度进行红灰、黄灰、蓝灰系列的色卡建立，观察灰彩颜色渐变的结果，学会用"成"数（即百分比）来评价色差。

总浓度为 0.5%（o.w.f.）的处方：元明粉 20g/L，纯碱 10g/L，浴比 1:50，布重 2g；

总浓度为 1.0%（o.w.f.）的处方：元明粉 40g/L，纯碱 20g/L，浴比 1:50，布重 2g。染料配比参考浓度如表 10-10～表 10-15 所示。

1. 红灰系列

（1）总浓度 0.5％(o.w.f.) 浓度配比见表 10-10。

表 10-10 活性染料红灰系列浓度配比 （0.5％的染色浓度） ％(o.w.f.)

红	0.3	0.3	0.3	0.3	0.35	0.35	0.35	0.35
黄	0.09	0.1	0.12	0.15	0.06	0.075	0.085	0.1
蓝	0.11	0.1	0.08	0.05	0.09	0.075	0.065	0.05

（2）总浓度 1％(o.w.f.) 浓度配比见表 10-11。

表 10-11 活性染料红灰系列浓度配比 （1％的染色浓度） ％(o.w.f.)

红	0.6	0.6	0.6	0.6	0.7	0.7	0.7	0.7
黄	0.18	0.2	0.24	0.3	0.12	0.15	0.17	0.2
蓝	0.22	0.2	0.16	0.1	0.18	0.15	0.13	0.1

2. 黄灰系列

（1）总浓度 0.5％(o.w.f.) 浓度配比见表 10-12。

表 10-12 活性染料黄灰系列浓度配比 （0.5％的染色浓度） ％(o.w.f.)

红	0.09	0.1	0.12	0.15	0.06	0.075	0.085	0.1
黄	0.3	0.3	0.3	0.3	0.35	0.35	0.35	0.35
蓝	0.11	0.1	0.08	0.05	0.09	0.075	0.065	0.05

（2）总浓度 1％(o.w.f.) 浓度配比见表 10-13。

表 10-13 活性染料黄灰系列浓度配比 （1％的染色浓度） ％(o.w.f.)

红	0.18	0.2	0.24	0.3	0.12	0.15	0.17	0.2
黄	0.6	0.6	0.6	0.6	0.7	0.7	0.7	0.7
蓝	0.22	0.2	0.16	0.1	0.18	0.15	0.13	0.1

3. 蓝灰系列

（1）总浓度 0.5％(o.w.f.) 浓度配比见表 10-14。

表 10-14 活性染料蓝灰系列浓度配比 （0.5％的染色浓度） ％(o.w.f.)

红	0.09	0.1	0.12	0.15	0.06	0.075	0.085	0.1
黄	0.11	0.1	0.08	0.05	0.09	0.075	0.065	0.05
蓝	0.3	0.3	0.3	0.3	0.35	0.35	0.35	0.35

（2）总浓度 1％(o.w.f.) 浓度配比见表 10-15。

表 10-15 活性染料蓝灰系列浓度配比 （1％的染色浓度） ％(o.w.f.)

红	0.18	0.2	0.24	0.3	0.12	0.15	0.17	0.2
黄	0.22	0.2	0.16	0.1	0.18	0.15	0.13	0.1
蓝	0.6	0.6	0.6	0.6	0.7	0.7	0.7	0.7

（三）灰色系列

浓度设定和配比见表 10-16。

基础色卡资料制作完成后，应反复阅读浏览，仔细体会色光浓淡、色相偏向和艳亮灰暗变化与染料的组合、浓度配比变化的关系，注意培养对颜色量的感觉。分析不同的染料组合、

表 10-16　活性染料灰色系列浓度配比

染色总浓度/%(o.w.f.)	0.3	0.9	1.95	3	4.5	6
红	0.1	0.3	0.65	1	1.5	2
黄	0.1	0.3	0.65	1	1.5	2
蓝	0.1	0.3	0.65	1	1.5	2
元明粉/(g/L)	20	40	50	60	70	90
纯碱/(g/L)	10	20	25	30	30	35

渐变的浓度配比和颜色效果演变的对应关系以及色光走向，了解常见典型色的色光构成。使混色理论具象化并在脑海中形成印象记忆。

实训中还要注意了解工艺条件（染色温度、固色时间、助剂用量、皂煮等）对得色效果的影响；了解染料得色效果对工艺条件的敏感性，即在相同浓度条件下，温度误差或助剂浓度误差（一般在10%以内）时染得颜色的差别情况；了解所用染料在所用织物得色的特点。

阅读材料　☆ **常见典型颜色的色光构成**

常见的具有代表性的颜色有蓝灰（橄榄色）、黄灰（土黄色）、红灰（咖啡色）、深蓝色、灰色、黑色等。

橄榄色，其红光比绿色的要大，可在以蓝为主黄为辅配出绿色的基础上，加入少量红色，使色光变暗。橄榄色又称蓝灰色，属于三次色。

土黄又称老黄，是三次色。可以用三原色拼土黄色，以黄色为主色，分别加少量红色、蓝色拼混使色光变暗；也可以黄色为主色，用少量黑色相拼混而得。

咖啡色属于三次色，又称红棕或红灰，是以红色为主色，黄色为辅色，加少量蓝色拼出；由红、黄、蓝三原色相拼混而得。

黑色又称元青，理论上是由等量的三原色相拼混而得。但实际上三原色难以拼出理想的黑色。生产上多采用商品黑色染料为主，再以少量相应的色光拼混而成。

灰色可以用三原色染料拼混，或用较低浓度的黑色染料染得。

深蓝色又称藏青，是以蓝为主色，红、黄为辅色相拼混而得。

第二节　来样仿色

根据学生掌握打样技能的熟练程度控制难易度，一般先易后难，可以结合染色打样小样工考证需要来训练。

1. 来样分析

将来样颜色与相关染料色谱对照，确定将选用的染料的名称（两个或三个染料拼色）以及大致的染色深度。运用配色理论知识及余色原理，学会分解来样的颜色，并根据配色原则，用深浅、色光、鲜暗程度来评色差。

2. 织物仿色试验

学生根据指导教师提供的标样自己设计工艺处方及染色工艺过程（包括染料及助剂的选用、浴比、详细的染色工艺曲线、染色条件等）；进行有关计算及配制染液；确定工艺步骤和操作方法；对照标样进行仿色。对染色小样进行色光调节，直至与来样基本一致。

3. 对色、调色训练

初学者不必追求快速出版,而是通过对不同色系的颜色的仿造,反复进行对色、调色,以培养对色差的偏向、深浅、艳暗以及色差量感的判断,在教师的指导下掌握和熟悉打样技巧以及颜色知识的运用。

4. 打样重现性与准确性训练

在一般情况下,小样色泽深浅差别在 5% 以内,色光在 4 级以上时,即可再做重现性试验。按照相同的工艺和操作重复进行几次打样,以检验工艺和操作的准确性和重现性。如果仿样与标样颜色稍有差别,色光略有差异,目测达四至五级或测色仪测定色差 ΔE 达 0.3 以下,则重现性和准确性好,说明工艺技术方面符合要求,各种助剂配制合理,那这个样就算确认样了,小样工艺处方就可以确定了。

5. 放样训练

有条件的学校可以在染色中样设备或者生产车间进行放样训练,体会小样处方工艺在中样或大样生产中的颜色效果,由于浴比不同导致染料的溶液浓度(g/L)发生变化(放样时的浓度往往变大,想一想,为什么?),致使中样或大样颜色往往变深,当然可能还有色相等的差别。因此,很多时候,放样后还会调整处方。通过这环节的训练,使同学们意识到从小样、中样、到大样颜色可能不一致而需要调整修正的措施。明白染整打样在染整大生产中的所处的地位和作用,为快速生产和提高染色一次成功率打下扎实的基础。放样修正后的处方和工艺,就可以作为大货生产的工艺了。

→ 想一想

1. 为什么小样确认样的处方工艺在放大样时常常颜色变深?
2. 通过打样实训,你认为染整仿色的难点有哪些?
3. 可以小组形式请同学们谈谈打样训练的收获和体会。

第十一章　中级染色小样工考证

知识与技能目标

了解中级染色小样工考核内容及其要求；

熟悉应考要掌握的理论知识和操作技能；

了解应考的注意事项。

第一节　概　　述

一、我国的职业资格证书制度

20 世纪 90 年代以来，我国逐步建立了国家职业标准体系，推行职业资格证书制度和开展职业技能鉴定。《中华人民共和国劳动法》第八章第六十九条规定："国家确定职业分类，对规定的职业制定职业技能标准，实行职业资格证书制度，由经过政府批准的考核鉴定机构负责对劳动者实施职业技能考核鉴定。"《中华人民共和国职业教育法》第一章第八条也明确指出："实施职业教育应当根据实际需要，同国家制定的职业分类和职业等级标准相适应，实行学历文凭、培训证书和职业资格证书制度"。这些法规明确了职业教育实施的"双证"制度，也确定了国家推行职业资格证书制度和开展职业技能鉴定的法律依据。

根据《中华人民共和国劳动法》和《中华人民共和国职业教育法》的有关规定，对从事技术复杂、通用性广以及涉及国家财产、人民生命安全和消费者利益的职业（工种）的劳动者，必须经过培训，并取得职业资格证书后，方可就业上岗，即所谓的就业准入。职业资格证书制度是劳动就业制度和教育制度的重要内容，它是一种特殊形式的国家考试制度，也是国际上通行的对技术技能人才的认证制度。职业资格证书证明了劳动者具有从事某一职业所具备的学识和技能，它比学历证书能更直接、更准确地反映职业的实际工作标准和操作规范的要求，反映劳动者从事该职业所达到的实际工作能力水平。

职业资格鉴定是按照国家制定的职业技能标准或任职资格条件，通过政府认定的考核鉴定机构，对劳动者的技能水平进行客观公正、科学规范的评价和鉴定，对合格者授予相应的国家职业资格证书。

我国职业资格证书分为五个等级：初级（国家职业资格五级）、中级（国家职业资格四级）、高级（国家职业资格三级）、技师（国家职业资格二级）和高级技师（国家职业资格一级）。

二、染色小样工的鉴定申报和鉴定方式

染色小样工（职业编码：17-068）是纺织工业职业大类的细分职业之一，染色打样能力是染整技术专业核心技能之一。它对应的国家职业资格等级是：初级染色小样工、中级染色

小样工、高级染色小样工、染色师、高级染色师。

申报中级染色小样工的职业鉴定需具备下列条件之一：

（1）取得初级职业资格证书后，连续从事本职业岗位连续工作两年；或在中等职业学校接受本职业系统培训两年以上者；

（2）中等职业学校的毕业或结业生；

（3）按要求已具备中级技术条件者。

技能鉴定方式：分为理论知识考试和技能操作考核。理论知识考试采用闭卷笔试方式，技能操作考核采用现场实际操作方式。理论知识考试和技能操作考核均实行百分制，成绩皆达 60 分者为合格。技师、高级技师还须进行综合评审。

申请鉴定流程：

第二节　中级染色小样工考核内容及要求

中级小样工应知应会的知识和能力包括理论知识和实践操作能力，对应地考核分为理论考核和实践操作考核，其主要考核内容和要求如下。

一、理论考核的内容和要求

（1）掌握常用分散染料、活性染料、还原染料、酸性染料、阳离子染料等的基本性能和染色原理。

（2）掌握常用纤维棉、麻、丝、毛、涤、锦、腈等的染色特性。

（3）掌握颜色三要素的基本知识和拼色原理，并学会灵活运用。

（4）了解色差种类及其主要影响因素；掌握色差的定性描述和定量表达。

（5）掌握对色及色差评定方法。

（6）掌握色牢度的测试及评定方法。

（7）掌握棉、涤及其混纺织物的常用染色工艺（工艺处方、工艺流程、工艺条件等）。

（8）掌握影响棉、涤及其混纺织物染色效果的因素及解决措施。

（9）掌握审样基本方法，并合理设计小样工艺。

（10）掌握常用染化助剂的性能、作用。

（11）掌握染色工艺的表达方法以及能够独立进行工艺计算。

（12）了解影响染色重现性的因素。

（13）了解染色设备和染色工艺条件对染色效果的影响。

（14）了解影响色牢度的因素；掌握染色后处理的基本知识。

（15）掌握染整化验室的有关制度和操作规范知识特别是安全知识。

二、实操考核的内容和要求

（1）掌握常用染化助剂的正确使用方法。

（2）熟练掌握染整化验室常用的衡器量具的使用方法以及化验室常用染色小样机的操作。

（3）掌握染色有关溶液（母液）的配制方法。

（4）掌握常用染料的染色打样操控方法以及打样常见问题的处理措施。

（5）准确判断染样的色光、浓度，合理制订或调整小样染色处方。

（6）熟练掌握常用染料的浸染、轧染仿色操作，在规定时间内（一般为 6 课时）完成：

① 纯棉浸染样或轧染样一只；

② 色差要求：原样色差 4 级以上；匀染度色差 3 级以上。

（7）掌握染后处理和贴样操作方法。

（8）熟练掌握色差的评定方法。

第三节　考试准备

根据中级小样工考核大纲或考核内容要求进行考试准备。

一、理论考试准备

熟悉打样工作涉及的基本理论知识。

（1）纺织纤维种类及其性能，常见织物的结构和性能；

（2）常用染料的染色方法、染色设备及其选择；

（3）天平种类和使用操作；

（4）常用染料、助剂的种类、性能和使用；

（5）染色产品常见检测项目及操作方法；

（6）常用染料的染色性能和染色工艺；

（7）常用染色机的性能特点及其操作使用；

（8）常用染料的染色工艺及其操作；

（9）颜色基本常识、拼色原理和方法；

（10）染色产品的质量要求和检查方法；

（11）产生大小样染色不符的原因及影响色差的因素；

（12）生产工艺计算相关知识和方法；

（13）常用小样染色设备的结构与使用知识；

（14）染色常见疵病及产生的原因。

二、实操考试准备

反复训练以下操作内容，达到熟练掌握程度。

1. 布样色光分析

（1）能根据标样分析色光并选用合适的染料、助剂，根据提供的色谱拟订配方；

（2）能根据被染物的特性选用染色方法及设备。

2. 染液配制

（1）计算染化料取用量及配液量　能根据配方计算染化料的取用量，计算配液量。

（2）吸料、称料　能正确使用移液管吸料，正确使用电子天平或托盘天平称量所需助剂，并作记录；

(3) 正确进行化料操作；

(4) 正确使用容量瓶配制染料母液。

3. 染色操作

(1) 制定染色工艺（工艺过程和主要条件）　能根据被染物的特性制订正确的染色工艺；

(2) 正确操控染色过程　染色过程中能按工艺条件正确操控；

(3) 能发现和处理染色中的异常现象。

4. 后处理及处方调整

(1) 制订染色后处理工艺并实施；

(2) 能按要求正确核对色光、检查色差；

(3) 能根据染物与原样的差别正确修正处方，然后根据修正后的配方计算染料及助剂取用量。

5. 贴样及出处方

(1) 贴样　将所打样剪好后粘贴在对应配方号下面；

(2) 写出目标样参考处方　能根据所打样与目标样色差写出目标样的参考处方。

6. 实验规章制度

(1) 正确穿戴工作服；

(2) 仪器、药品、试剂用后及时复位，保持工作桌面清洁；

(3) 安全使用打样有关设备；

(4) 注意节约用电和用水；

(5) 注意节约原材料。

第四节　应考注意事项

一、理论考试

(1) 考生进入考场，不得携带任何书籍、报纸、稿纸、计算器。只准带钢笔、圆珠笔、铅笔、橡皮擦、三角板等。

(2) 考生不得在允许带进考场的任何文具上以及其他地方书写公式或文字。

(3) 考生开考前十五分钟进入考场，凭身份证、准考证对号入座，并将本人身份证、准考证放在课桌右上角，以便监考员查对。考前十分钟分发试卷。

(4) 迟到三十分钟，不准进入考场，考试三十分钟后，才准交卷退出考场。

(5) 考生必须用蓝、墨色钢笔或蓝、黑色圆珠笔在试卷上答题，字迹要求清楚、整齐。

(6) 考生不得向监考员询问试题的任何内容。如遇试题字迹不清，可举手向监考员询问。

(7) 考生领取试卷后必须在试卷指定位置填写姓名、职业工种、报考等级和身份证号。

(8) 考生在考场内必须保持安静、不准吸烟，独立完成试卷。交卷后，不得在考场附近逗留或交谈。

(9) 考试终了时间一到，考生立即停止答卷。并依次退出考场，任何人不准将试题、试卷和草稿纸带出考场。

（10）考生要正确对待考试，严格遵守考场纪律。不准交头接耳，不准偷看他人答案，不准夹带、换卷、冒名顶替等。违者试卷以零分论处。

二、实操考试

（1）考生于考前30分钟到达指定考核现场候考室等待应试，考生开考前十五分钟进入考场，凭身份证、身份证对号进入工位，并将本人身份证和准考证放在工位醒目处，以便监考员查对。同时熟悉设备并做好相关的操作准备。考前十分钟分发试卷和材料。开考时间一到，由监考人员统一发令开始操作。

（2）考生必须根据本工种的安全文明生产要求和操作规程独立完成作业，不得随意串岗、换岗和共用工具、原材料等，不得互相串通和替代。

（3）监考人员必须认真负责地做好所负责工位的考生的监督和服务，但不得对考生进行设备和考场的说明，延误时间可以由监考人员记录并顺延考核时间。

（4）考生必须在考场内保持安静，考试过程中如有疑问，要举手示意；出场后不得在考场周围逗留和喧哗。考生不得围观、逗留现场。

（5）考生操作完毕，应按文明生产要求处理现场。考试终了时间一到，一律停止操作。继续操作者成绩无效。

（6）监考人员必须认真负责地记录考生安全文明生产情况、违纪情况、操作完成时间等。违纪者，根据情节轻重将分别受到批评教育，由监考人员在考场记录上如实填写、警告、试样作废、取消考试资格等处理。

（7）考生考试操作完毕后要在试卷上指定位置贴好布样，与给出的处方对应，并标注清楚确认样（即确认样）。

阅读材料　　☆ **染色打样工操作技能分解**

技能一　染料溶液的配制

技能要求　1. 正确使用电子天平称染料或织物。

　　　　　　2. 熟练使用容量瓶配制一定浓度的溶液。

　　　　　　3. 熟悉常用染料及助剂的化料方法。

案例　配制250mL浓度为0.5％（即5g/L）的活性红M-3BE溶液

操作步骤

计算 → 称量 → 溶解 → 转移 → 洗涤 → 定容 → 摇匀 → 装瓶 → 清洁

所需仪器、工具、材料等　电子秤（精度0.001g）、200mL烧杯、250mL容量瓶、玻璃棒、药勺、活性红M-3BE染料、洗瓶等。

（1）计算所要称量的染料质量　染料质量＝浓度×体积＝0.5％×250＝5×250÷1000＝1.25（g）

（2）称量染料　使用电子分析天平（精度＋0.001g）进行称量。

① 检查天平水平，通电预热。

② 校正。

③ 将一个200mL的小烧杯至于秤盘上，轻按去皮键，天平自动回到零点。

④ 用药勺将染料加入烧杯中，待显示屏显示"1.250g"时即可。

⑤ 盖好染料瓶盖，并放回原处。

⑥ 取下装染料的烧杯，再轻按去皮键，关机，拔掉电源。清洁天平及台面。

（3）溶解染料

① 先在烧杯中加入少量冷水润湿染料，用玻璃棒搅拌成浆状，再加少量水继续搅拌均匀。

② 根据染料类型加入合适温度的热水（低温型：35℃左右；中温型：50～60℃；高温型：60～70℃），搅拌至染料充分溶解成透明溶液。

（4）转移溶液　找出 250mL 容量瓶洗涤干净后，将染料溶液顺着玻璃棒慢慢转移至容量瓶中。

（5）洗涤　用少量冷水洗涤烧杯及玻璃棒 2～3 次，分别将洗液继续转移至容量瓶，直至烧杯中无残留染液为止。

（6）定容　加水至容量瓶体积约 3/4 时，初步混合均匀；再加水接近刻度线时，用胶头滴管或洗瓶加水至凹液面与刻度线相切状态。

（7）混合摇匀　将容量瓶盖好塞子，用食指配合按紧，将容量瓶反复倒转，使染料溶液充分混合均匀。

（8）装瓶　将混合均匀的染料溶液倒入广口瓶中，并写好标签（染料名称、浓度、日期等）、贴在广口瓶上。

（9）清洗容量瓶、烧杯、玻璃棒并放回原处，清洁工作台面。

技能二　染色工艺的制订

技能要求　1. 根据指定织物能够正确选择染料及染色方法、染色设备。

2. 制订合理的染色工艺流程。

3. 能够对织物色光进行分析量化。

4. 制定合理的小样染色工艺。

案例　制订纯棉织物浸染的染色工艺

操作步骤

（1）布样分析　织物的纤维为棉纤维，采用浸染方式染色。

（2）选择染料，确定染色方法　根据其颜色情况，选择中温型活性染料，采用一浴两步浸染法。

（3）选择染色设备　振荡式染色小样机。

（4）确定染色工艺流程　准备→染色→固色→水洗→皂洗→水洗。

染色工艺曲线：

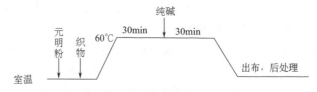

（5）布样色光分析及量化　分析来样色泽，并对色泽分析量化，确定主色、副色，并选择合适的活性染料组合确定主色、副色染料的用量。

（6）拟订染色小样处方　参考上述操作步骤分别制定纯棉织物轧染工艺和涤棉混纺织物染色工艺。

技能三 染色打样操作

技能要求 1. 熟悉不同染色方法对小样染色备布的要求。

2. 熟练使用移液管和洗耳球、量筒等。

3. 熟练进行染色处方的计算。

4. 正确配制染色液。

5. 正确使用染色小样机控制好染色条件。

6. 正确执行工艺，保证染色样的匀染性和透染性。

（一）根据纯棉织物浸染工艺进行染色打样操作

操作流程与技能点

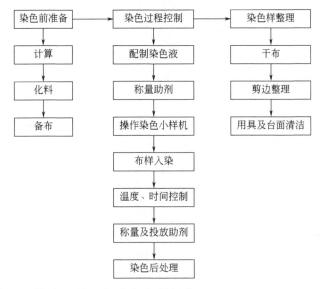

（二）根据纯棉织物轧染工艺进行染色打样操作

操作流程与技能点

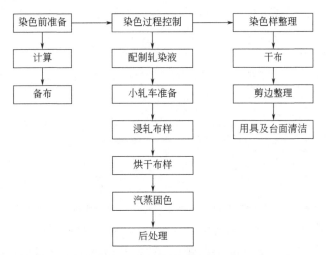

（三）根据涤棉混纺织物染色工艺进行染色打样操作

涤棉混纺织物采取二浴二步法染色工艺。

操作流程与技能点

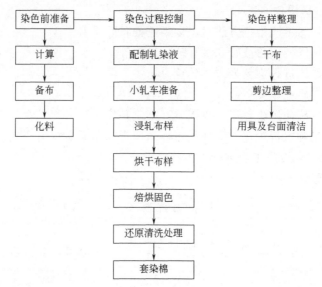

技能四　对色及调方

技能要求　1. 熟练掌握对色灯箱的使用，熟悉常用五种对色光源特点。

　　　　　　　2. 正确保存来样（标样）。

　　　　　　　3. 使用正确的对色方法规范对色操作。

　　　　　　　4. 能识别小样异常、准确快速对色及调方。

（一）对色要点

1. 色样准备

对染色样进行充分冷却回潮；分清织物正反面及经纬向，采用正面朝上、经向对色。

2. 选择并打开指定的对色光源

避免其他光源的干扰。

3. 染色样与来样的摆放

两者都平放于灯箱底部中央，染色样与来样的位置可上下、左右来回调换以便于准确辨色，如图 11-1 所示。

4. 观察角度和距离

采用 0/45（平台）、45/0（斜台）对色均可。观察者距离布样约 30cm 观看，如图 11-2 所示。

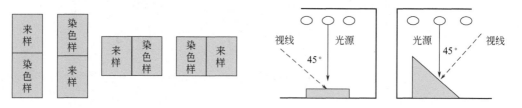

图 11-1　染色样与来样的摆放示意图　　　　　图 11-2　对色角度示意图

5. 观察时间

以 2~5s/色为宜，可以避免因对某颜色（特别是鲜艳色）注视时间过长而造成补色残像的影响。

6. 色泽判断

一看深度，二看鲜沉，三看色光。综合比较后得出染色样与来样（标样）的色差结论，如色偏深（或浅）、色稍深（或浅），色偏鲜（或沉）、稍鲜（或沉），色偏红（或绿）、偏黄（或蓝）、稍红（或绿）、稍黄（或蓝）等。

（二）调方要点

对色后，即可根据染料组合对主色料（决定颜色深度的染料）和次色料（调整颜色色光和鲜艳度的染料）的用量进行调整。调方时参考每只染料的单色色光特点及前面配方的颜色变化幅度，再结合自己的调色经验，灵活运用拼色原理、拼色原则和余色原理进行。

第十二章　计算机测配色操作基础

知识与技能目标

了解电脑测配色系统的构成及其类型；

理解电脑测配色的配色原理；

学会电脑测配色操作过程。

在传统的染色生产中，测色配色通常由人工完成。人工利用目测比色进行测色与配色，再经反复的打样，最终确定染色配方，配色的成功与否很大程度上取决于操作人员的经验。不仅工作量大，而且费时、费料，不适应于目前小批量、多品种、交货快、对色差评定要求高的生产要求。同时，由于人眼对颜色的感觉往往因人而异，在色差的评定上易引起纠纷。

电脑测色配色最大的优点是不需要进行繁复的人工检索。由于测色仪将颜色定量测试，并经计算机模拟计算后得出颜色配方，因此它具有快速、准确等优点。目前，计算机测色配色已大量进入商业化应用领域，成为现代化印染企业的常用仪器之一。随着计算机网络技术的推广应用，纺织品的颜色可用数据经网络传输进行测量、确认，以至在网上完成纺织品贸易的全过程。

利用电脑测色仪进行测色，得出参考的配色处方，再经过打样调整，最后得出正确的配色处方。

第一节　电脑测色与配色的操作过程

电脑测配色系统是由硬件和软件两大部分组成的，硬件包括分光光度计、计算机主机和显示器、存储设备、输入输出装置等；软件包括测色程序、基础数据输入及管理、预告处方、校正程序、色彩管理等部分。正确选择测色配色仪的关键因素是分光光度计的选择、计算机主机的配置和配色软件。

常用的电脑测色仪有 Datacolor 公司的 SF-600 型和 SF-650 型、美国 GretagMacbeth 公司的 Color i5 型［如图 12-1(b)］、7000A 型等。

一、来样测色与配色

1. 仪器使用的准备

（1）打开电脑，预热测配色仪。合上电源开关，打开电脑电源开关进入操作桌面；打开测配色仪器开关（各品牌测色仪及配套的测配色软件的操作步骤及界面风格可能会有不同，但所用的原理和工作内容大致相同。本次测试以美国 GretagMacbeth 公司的 Color i5 型测色仪和韩国 upson 公司 Colorist Plus 电脑测配色系统操作界面为例）。仪器预热 15～30min。注意检查测色仪器的状态标示板上的灯光与测色窗口是否一致。

（2）打开电脑桌面上的测配色操作程序进入测配色系统软件操作界面，如图 12-2 所示。

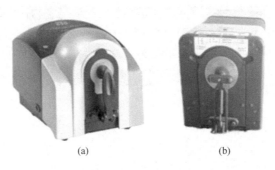

图 12-1　电脑测色仪

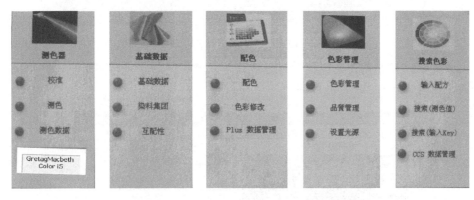

图 12-2　韩国 upson 公司 Colorist Plus 电脑测配色系统操作界面

2. 仪器校准

选择与被测样品大小合适的测色窗口，先将标准白板放置在测色孔上，点击电脑上的测配色系统中的"测色器"目录下的"校准"按钮，当电脑显示校准成功后，按同样的方法校准黑板，当测色仪的红灯转变为绿灯，校准工作完成。

注意：不同品牌的测色仪器，可能校准的次序不同。如 Datacolor 公司的 SF-600 型校准时先"黑板"后"白板"。

3. 测色与配色

(1) 测色　测色的试样厚度以不透光为宜，织物可折叠起来，一般需 4~8 层（视织物厚薄而定），尽量排除背景的影响；每块织物取着色均匀的 4 个不同的位置测色，取平均值；若是无正反面之分的平纹织物，两面各测两点。有纹路的织物测正面，放置时纹路方向与实际目测对样方向一致。纱线类尽量梳齐拉平，可分几层绕在卡片上；绒类织物要把毛刷起；纤维可称取一定重量的试样压入仪器专用的试样盘内进行测试；可根据实际情况采用合适的测色口径。

点击电脑上的测配色系统中的"测色器"目录下的"测色"按钮，选择原文件名或建新文件名，把光标放在需测试的文件名上点击"确认"后测色，如图 12-3 所示。

把需测色的样品放置在测色孔上，在"样品名"空白栏中输入样品名，点击"测色"按

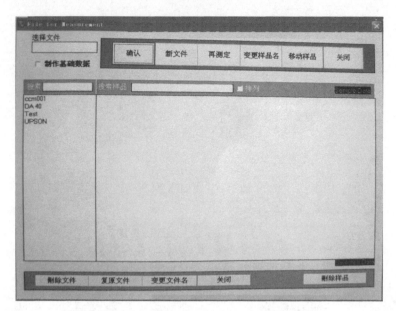

图 12-3　电脑测配色系统选择文件名操作界面

钮，出现如图 12-4 所示的测色界面。可选取试样三个不同的点进行测量，以获得测色数据的平均值，测色后点击"保存"按钮。

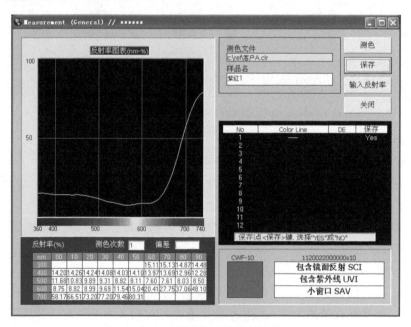

图 12-4　电脑测配色系统测色操作界面

（2）配色寻方　在主菜单上点击"配色"，选择一个拟需配色的测色文件，待出现测色样品名后，在染料文件上选择所需参与配色的染料，并点击"确认"，则显示该测色文件的配色计算（寻方）结果，画面如图 12-5 所示。选择配方应选择色差 ΔE 最小，同色异谱指数 MI 最小，曲线拟合程度最好的配方。根据技术人员的专业知识与经验，选择配方还要结合实际，在达到成品要求的前提下，还要选择重现性好的配方。然后可以将配色的处方打印或发送至目的地。

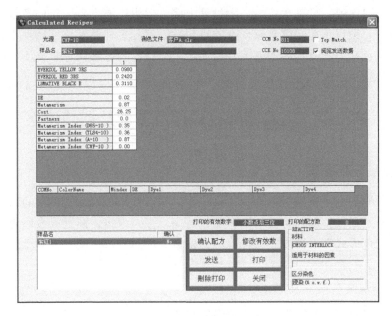

图 12-5　配色计算结果示意图

4. 关闭仪器和电源

仪器使用完成后，退出测色配色操作界面，关闭测色配色仪电源，关闭电脑，关总电源。

注意：由于仪器非常精密，在放置样品测色等过程中必须小心操作，以免扳断压柄损坏设备。仪器使用结束，做好清洁工作。

二、小样染色

根据选出的配色处方，在化验室小样染色机上进行打样验证。由于电脑配色是根据统一的数学模型进行计算的，因此难免有不适应实际情况及多变的现象，使得所预告的配方不能百分之百地一次正确。

不同成分的面料或纤维，所选用的染料类别有可能不一样，因而所选用的小样染色设备及染色工艺也可能不同。

三、试样的测色与配色

小样染色完成后，再用电脑测配色仪进行测色。如不符合要求，则根据测配色系统给出的新的染色配方，再次进行小样染色。

四、配方修正

将染色小样再次进行测色，然后调用修正程序，在输入试染的配方后，电脑配色系统将立即输出修正后的配方。用修正后的配方染色，若染样与来样的色差在可接受的范围内，则此修正后的配方就是所需要的染色配方；反之，则应重新修正，直到取得合乎要求的染色配方为止，一般需要修正一到两次，也有一次成功的。

五、色库数据保存

修改成功的配方及工艺条件等可立即存入色库中，作为下次配色色库快速搜索的重要资料。

　　电脑测配色速度快，试染次数少，提供处方多。但也需要具备一定的条件，如染化料质量必须相对稳定，染色工艺必须具有良好的重现性，基础色样及其浓度梯度不宜过少，且部分配色系统对深色样品处方预测的准确性需要进一步提高。电脑颜色数据库和操作人的测色操作对电脑配色很重要。

第二节　电脑测配色原理及基础数据的建立

一、电脑测配色原理

　　电脑测配色原理分为识别颜色原理（人眼的以三属性来识别、计算机的以三刺激值）和配色原理（处方数据库：颜色特性与染料配比对应，多点分布，渐近寻方原理）。

　　计算机测配色形式有三种方式：色号归档检索、反射光谱匹配和三刺激值匹配，它们的技术特点如下。

　　1. 色号归档检索

　　色号归档检索也称旧处方检索，就是将以往生产的品种按色度值分类编号，并将工艺代号、染料处方、工艺条件等一起存入数据库中。在接到新样品后，测定来样的颜色，将其结果输入，由计算机进行检索，便可将色差小于某值的所有处方全部调出。这种配色方法基本思路与人工配色相同，却避免色样长期保存带来的变褪色，检索也更全面。但电脑配色系统所给出的这些配方只是以往做过的与来样最接近的配方，遇到这种情况仍需凭经验加以修正和调整并打样核实。现在大多应用三刺激值和光谱拟合匹配的方式。

　　2. 反射光谱匹配

　　这种配色原理认为最终决定纺织品颜色的是反射光谱，因此染样的反射光谱与来样（标样）的反射光谱相匹配，这是属于最完善的配色，它又称为无条件匹配。可在能得到光谱数据的任何波长区应用该方法，如在红外、紫外等三刺激值匹配法不能适用的光谱区，该方法仍能使用。这种配色只有在染样与标样的颜色完全相同，纺织品材料也完全相同的情况下才能实现，但在实际生产中较难以做到完全匹配。

　　3. 三刺激值匹配

　　所有的颜色都可以通过色匹配实验混合配制，因此任何一种颜色都可以用三个参数 X、Y、Z 表示（X、Y、Z 简称为三刺激值）。三刺激值匹配的结果是给出的配方染物的三刺激值与来样的三刺激值相同，但在反射光谱上与来样不一定完全相同，由于二者的三刺激值相等，同样可得到等色。这种配色方法是最实用的，是电脑配色的主要形式。需要指出的是，由于三刺激值是在一定的测色条件（标准光源、观察视场、标准观察者）下得出的，因此当测色条件改变时，等色就会被破坏，原来的色差大小将发生变化，因此所谓的三刺激值相等是有条件的，要求照明条件和观察者的配色特性必须符合 CIE 的标准，这种方式被称为条件等色配色或异谱同色配色。

二、基础数据的建立

　　1. 设置测色环境的数据

　　点击"色彩管理"目录下的"设置光源"按钮，设置第一光源（如 D65）、第二光源（如 A）、第三光源（如 TL84）等，选择结束后依次点"保存"和"关闭"按钮；设置观察视场（2°或10°）；选择预测的色差计算公式（如 CMC 1∶2）；设定预测配方的色差（ΔE）、明度（ΔL）、彩度（ΔC_S）允许值等。环境数据确定后，在纺织品的测色中将依此为基准进行色差大小的评定，配色的参考配方预告也将在此基础上进行。

2. 建立基材数据资料

将经常生产的织物半制品测色后进行编号，得到未染色织物（空白织物）的分光反射基础数据。任何纺织品的测色结果都是纺织品本身的色泽和染料颜色叠加的结果，要得到准确的染料配色处方，必须先将未染色纺织品的色度参数输入电脑中，以便于标准样配色时能得到准确的染料用量值。

3. 建立配色基础单色样数据库

选择不同的基材（如纯棉、涤棉、涤纶、仿丝、真丝等织物），根据常用的浅、中、深不同色浓度设置基础色样的浓度梯度。打样后通过电脑测配色仪进行测色，从浅到深逐个将小样经测定后输入测色系统，按染料的应用类别、色系等编号把单色样的吸收反射率曲线 K/S 值等存入基础数据库，作为预测配方的依据。

单色样数据是影响配色结果准确性的重要因素之一，必须高度重视单色样的制作。在具体实施时，要注意以下几点。

（1）要由熟练的打样专业人员进行单色样数据的制备工作，并且实行专人负责制作，以减少人为操作的误差。

（2）单色样的浓度的档次视染料的具体情况而定，如色泽、提升率、使用浓度等，一般在实际使用范围内选定若干不同浓度（一般 6～12 个），浓度范围在 0.01%～5% 之间。

（3）单色样所用的纤维基材、织物组织一般选用常用的、用量大的、具有代表性的纤维或面料。

（4）实验室小样与大样生产的染色方法、条件应尽可能一致。

（5）单色样的染色要在同一台小样机上制作，并且要在连续的一段时间内完成，可重复制作 2～3 次，以求结果正确。

（6）做好的基础单色样依次由低浓度到高浓度测定其分光反射率并输入计算机。

（7）做好的单色样在不同时间内用同一台测色仪测定多点反射率，一般测 4 个点，求取平均值，以保证测得的基础数据具有良好的重现性。

（8）基础数据的修正或重新制作。

基础色样所测得的分光反射率数据需要分析其正确性，对异常的色样需要进行修正或重新制作。检验基础小样是否正确的方法主要有：分光反射率曲线检验和 K/S 曲线检验。

需要注意的是，对于带荧光的染料，在不同浓度下分光反射率曲线的某些波段会出现比空白染样的反射率还要高，这种情况不是染色样异常造成的，应正常存入电脑，不需做任何修改。

附录 染色小样工技能考核模拟题

染色小样工技能考核理论模拟题（一）

一、填空题（20×1＝20分）

1. 我国对染料的命名采用三段命名法，即_____、_____、_____。

2. 颜色的基本特征是_____、_____、_____。其中，_____是颜色最基本的属性。

3. 染料的分类方法有两种：_____分类法和_____分类法。

4. 织物染色的方法包括_____法和_____法，一般纱线和针织物使用_____法。而_____法主要适用于机织物的染色。

5. 染色打样遵循的是_____混色法。印染厂常用的拼色三原色是_____、_____、_____。

6. 染色理论认为染色过程一般分为_____、_____、_____三个阶段。

二、单项选择题（10×1＝10分）

1. 活性染料染纤维素纤维制品时，固色最常用的碱剂一般是（ ）。

A. 小苏打　　　　　B. 纯碱　　　　　C. 磷酸三钠　　　　　D. 烧碱

2. 直接染料染棉布时，加入适量的纯碱，其作用是（ ）。

A. 促染　　　　　B. 固色　　　　　C. 软化水　　　　　D. 匀染

3. 红、黄、蓝的余色分别是（ ）。

A. 紫、绿、橙　　　B. 绿、棕、青　　　C. 绿、紫、橙

4. 轧染时易产生头深现象的本质原因是（ ）。

A. 染液浓度太大　　B. 染色温度太低　　C. 亲和力太大　　　D. 亲和力太小

5. 一氯均三嗪型活性染料染色时，固色温度一般要控制在（ ）。

A. 30℃左右　　　　B. 60℃左右　　　　C. 90℃左右　　　　D. 100℃左右

6. 若已知某还原染料的亲和力小，聚集性低，扩散速率大，则浸染时适宜采用（ ）。

A. 甲法　　　　　B. 乙法　　　　　C. 丙法　　　　　D. 特别法

7. 腈纶纤维阳离子染料染色时，加入元明粉所起的作用是（ ）。

A. 促染剂　　　　　B. 缓染剂　　　　　C. 固色剂　　　　　D. 匀染剂

8. 分散染料高温高压染色法染色，染色温度一般是（ ）。

A. 100℃　　　　　B. 110℃　　　　　C. 120℃　　　　　D. 130℃

9. 下列活性染料其反应性由强到弱次序正确的是（ ）。

A. X型，KN型，K型　　　　　　　B. X型，K型，KN型

C. KN型，X型，K型　　　　　　　D. K型，KN型，X型

10. 硫化染料还原所用还原剂是（ ）。

A. 保险粉　　　　　B. 硫化钠　　　　　C. 氯化钠　　　　　D. 硫酸钠

三、多项选择题（5×2＝10分）

1. 活性染料可以染（ ）。

A. 棉   B. 蚕丝   C. 涤纶   D. 锦纶

2. 棉织物可用（   ）染料染色。

A. 直接   B. 活性   C. 还原   D. 硫化

3. 中性染料可以染（   ）。

A. 羊毛   B. 蚕丝   C. 维纶   D. 锦纶

4. 下列染色中，起促染作用的是（   ）。

A. 直接染料染色加入氯化钠   B. 强酸性染料在强酸浴中染羊毛

C. 弱酸性染料染蚕丝加入冰醋酸   D. 活性染料染棉加入元明粉

5. 下列染色中，起缓染作用的是（   ）。

A. 阳离子染料染色加入硫酸钠   B. 强酸性染料在强酸浴中染羊毛

C. 弱酸性染料染蚕丝加入氯化钠   D. 活性染料染棉加入硫酸钠

四、判断题 （正确的打"√"，错误的打"×"，10×1＝10分）

1. 对于活性染料的染色，温度越高，固色率越高。（   ）

2. 染色通常以水为介质，水的质量好坏关系到染色的质量。（   ）

3. 分散染料染深色产品应进行还原清洗以去除浮色，提高耐洗牢度。（   ）

4. 可溶性还原染料对纤维素纤维的亲和力较大，故用于中、浅色染色。（   ）

5. 阳离子染料染腈纶，色泽鲜艳、匀染性好、各项染色牢度优良。（   ）

6. 涂料染色最大的优点是染色方法简单、织物手感柔软。（   ）

7. 任何染料的染色，升高温度可提高染料的上染百分率。（   ）

8. 轧染棉时，一般要求的轧余率为 $90\% \sim 100\%$。（   ）

9. 染料对纤维无直接性，易产生前浓后淡，可在初开车将染液加淡。（   ）

10. 加法混色时，拼混次数越多，色泽越亮，越接近于白色。（   ）

五、简答题 （5×6＝30分）

1. 分散染料染涤纶纤维时，染浴 pH 值控制在多少为宜，为什么？

2. 影响染色牢度的因素有哪些？

3. 活性染料染棉，皂煮时为何不能加入纯碱？

4. 何谓盐析现象？如何防止盐析现象的发生？

5. 何谓泳移？轧染如何防止泳移的产生？

六、综合题 （1×20＝20分）

活性染料的母液浓度为 1∶200，打样每块布重为 5g，当染料浓度为 1.5%（o.w.f.）时，元明粉＝40g/L，纯碱＝15g/L，浴比为 1∶20。

（1）应吸取多少毫升的母液？

（2）元明粉、纯碱各应称取多少克？

（3）还应加多少毫升水才能染色？

（4）元明粉、纯碱主要各起什么作用？

（5）假如所用染料为中温型活性染料，请画出一条合理的一浴二步法染色工艺曲线。

染色小样工技能考核理论模拟题（二）

一、填空题 （每空 1 分，共 20 分）

1. 在染液中加入中性电解质，会使染料的溶解度降低，用量过高时还会造成染料的沉淀，这种现象称为_____。

2. 染料的溶解性能主要与染料的_____、溶液的_____有关，此外还与_____有关。

3. 用于促进染料上染的助剂称为_____；用于延缓染料上染的助剂称为_____。

4. 织物在浸轧染液以后的烘干过程中，染料随着水分的蒸发从纤维内部向纤维表面迁移的现象，一般叫_____。

5. 活性染料主要用于_____制品的染色，也可用于_____纤维和_____纤维的染色。

6. 直接染料染色时加入平平加 O 的作用是_____。

7. 活性染料轧染时加入尿素的作用是_____和_____，涂料染色时加入尿素除了具有上述两种作用之外，还具有_____作用。硫化黑染色后加入尿素的作用是_____。

8. 染料与纤维间的作用力有_____、_____、_____、_____、_____。

二、选择题（有一个或多个正确答案。每空 1.5 分，共 20 分）

1. 乙烯砜型活性染料染色时，化料的温度一般为（　　）左右，固色温度一般要控制在（　　）左右。

A. 室温　　　　　　B. 60℃　　　　　　C. 80℃　　　　　　D. 90℃

2. （　　）染料的耐氯牢度普遍较差。

A. 活性　　　　　　B. 还原　　　　　　C. 硫化　　　　　　D. 直接

3. 下列还原染料中，还原最容易的是（　　）。

A. 还原蓝 2B　　　B. 还原绿 FFB　　　C. 还原灰 BG　　　D. 还原黄 G

4. 普通硫化染料不溶于水，但可被（　　）还原生成隐色体钠盐而溶解。

A. 臭碱　　　　　　B. 保险粉　　　　　　C. 硫化碱　　　　　　D. 硫化钠

5. 一块红色布在黄光照射下呈现的颜色是（　　）。

A. 蓝色　　　　　　B. 黄色　　　　　　C. 红色　　　　　　D. 黑色。

6. 还原染料须经还原处理，其还原液的组成是（　　）。

A. NaOH，Na_2SO_4　　　　　　　　B. NaOH，$Na_2S_2O_4$

C. NaOH，NaCl　　　　　　　　　　D. NaOH，H_2O_2

7. 影响轧染染色匀染性的因素有（　　）。

A. 轧液率　　　B. 预烘方式　　　C. 预烘温度　　　D. 防泳移剂

8. 改善还原染料环染有效的染色方法有（　　）。

A. 隐色体染色法　B. 悬浮体轧染法　C. 隐色酸染色法　D. 特别法

9. 还原染料隐色体染色时，可以用（　　）检测保险粉的用量是否充足。

A. pH 试纸　　　B. 还原蓝 2B 试纸　C. 还原黄 G 试纸　D. 还原红 B 试纸

10. 下列染料可用以拼色的是（　　）。

A. 性能相近的染料　　　　　　　　B. 同一应用类别的染料

C. 结构相近的染料　　　　　　　　D. 色泽相近的染料

11. 活性染料轧染液中常加入的防泳移剂是（　　），还原染料轧染常加入的防泳移剂是（　　）。

A. 海藻酸钠浆　　B. 淀粉浆　　　　C. 糊精　　　　D. PVA 浆

三、判断题（正确的打"√"，错误的打"×"，10×1＝10 分）

1. 分散染料可染锦纶和涤纶，而且在各纤维上色泽、得色量相同。（　　）

2. 阳离子染料染腈纶加入元明粉起促染作用。（　　）

3. 活性染料染色时可使用硬水。（　　　）

4. 中性染料颜色鲜艳，匀染性好。（　　　）

5. 打样拼色时，为增加颜色的鲜艳度，可加入该颜色的余色。（　　　）

6. 硫化染料的耐氯牢度较好。（　　　）

7. 还原染料染色后的氧化处理均可采用空气氧化。（　　　）

8. 活性染料染色后的皂煮一般不宜在碱性条件下进行。（　　　）

9. 打卷平整是卷染的基本要求。（　　　）

10. 活性染料卷染时，一般染色和固色采用相同的温度，以便控制。（　　　）

四、简答题（5×6＝30分）

1. 何谓染色？衡量染色质量的优劣通常有哪些指标？

2. 常用的国产活性染料有哪些类型？它们的染色性能如何？

3. 还原染料染色一般包括哪几个阶段？各阶段的作用分别是什么？

4. 还原染料还原的方法有哪些？各适用于何类染料的还原？

5. 染料母液配制过程应注意哪些事项？

五、综合题（2×10＝20分）

1. 下列处方设计是否合理？如不合理，请简要地说明理由。

已知腈纶的纤维染色饱和值 $S_f＝2.3$。

染料和助剂名称	用量/%(o.w.f.)	饱和系数(f值)
阳离子嫩黄 7GL	2	0.45
阳离子红 2GL	1.5	0.61
阳离子艳蓝 RL	0.8	0.38
缓染剂 1227	1.1	0.58

2. 试设计 T/C 混纺织物分散染料热熔染色法的一般工艺（包括工艺流程、工艺处方及工艺条件）。染料及其用量自选。

染色小样工技能考核理论模拟题（三）

一、填空题（每空 1 分，共 20 分）

1. 活性染料浸染方法有＿＿＿＿、＿＿＿＿、＿＿＿＿三种。

2. 在还原染料染色中，还原黄 G 试纸作来检验还原染浴中的＿＿＿＿的量是否充足，而可用＿＿＿＿检验染浴中的烧碱是否充足。

3. 还原染料采用隐色体染色时，预还原方法有＿＿＿＿、＿＿＿＿两种。前者适用于还原速率＿＿＿＿的染料，后者适用于还原速率＿＿＿＿的染料。

4. 还原染料隐色体浸染时，常出现＿＿＿＿和＿＿＿＿现象。

5. ＿＿＿＿和＿＿＿＿选择对提高涂料染色起决定性作用。

6. 酸性染料含磺酸基、羧酸基等＿＿＿＿基团，在水溶液中呈＿＿＿＿电荷性，在酸浴中能上染＿＿＿＿、＿＿＿＿、＿＿＿＿等纤维。

7. 酸性染料染羊毛，染色时加入中性电解质的作用与＿＿＿＿有关。当在强酸性浴中染色，加入中性电解质起＿＿＿＿作用，当在中性浴中染色时，加入中性电解质起＿＿＿＿作用。

二、选择题（有一个或多个正确答案。每空 1.5 分，共 21 分）

1. 部分（　　）染料具有光敏脆损现象，部分（　　）染料具有贮存脆损现象。

A. 直接　　　　　　B. 活性　　　　　　C. 还原　　　　　　D. 硫化

2. 下列还原染料中，还原速率最慢的是（　　）。

A. 还原红 B　　　B. 还原黄 G　　　C. 还原金橙 G　　　D. 还原桃红 R

3. 还原黑 BB 的隐色体氧化可用（　　）氧化。

A. 空气　　　　　　B. 双氧水　　　　　C. 过硼酸钠　　　　D. 次氯酸钠

4. 棉织物轧染的轧余率为（　　）左右，合成纤维织物轧染的轧余率为（　　）左右，涤棉混纺织物轧染的轧余率为（　　）左右。

A. 40%　　　　　　B. 50%　　　　　　C. 65%　　　　　　D. 70%

5. 涤纶用分散染料高温高压染色时，染浴 pH 值一般为（　　）。

A. 2～4　　　　　　B. 5～6　　　　　　C. 8～9　　　　　　D. 10～11

6. 强酸性染料染羊毛，染浴 pH 值为（　　）。弱酸性染料染蚕丝染浴 pH 值为（　　），中性染料染锦纶，染浴 pH 值为（　　）。

A. 2～4　　　　　　B. 4～6　　　　　　C. 6～7　　　　　　D. 8～9

7. 分散染料高温高压染色时，染浴 pH 值可用（　　）来调节。

A. 醋酸　　　　　　B. 磷酸二氢铵　　　C. 硫酸　　　　　　D. 醋酸＋醋酸钠

8. 阳离子染料的配伍值 K 越小，则染料的上染速率越（　　），匀染性越（　　）。

A. 快　　　　　　　B. 慢　　　　　　　C. 好　　　　　　　D. 差

三、判断题（正确的打"√"，错误的打"×"，10×1＝10 分）

1. 电子天平是重要仪器，打样员必须自觉保持天平清洁，使用前要进行校正。（　　）

2. 所有化学用品必须用密封容器保存。容器外均须有明显标记。（　　）

3. 染料存放尽量避光、避热。（　　）

4. 用移液管吸料后，无论管上是否有"吹"字，都要将管尖溶液吹出。（　　）

5. 浸染法打样的基本步骤可表示为：润湿被染物→准备热源→配制染液→染色操作→整理贴样。（　　）

6. 染色拼色使用的染料只数越少越好，一般不超过 6 只。（　　）

7. 如果两个试样在某一光源下观察是等色的，而在另一种光源下观察是不等色的，则称之为同色同谱。（　　）

8. 打样是一门对操作准确性有着较高要求的技术性工作，其准确度除了与材料及打样水质、温度等因素有关外，还与打样员的操作方法、责任心有着密切的关系。（　　）

9. 对色灯箱内壁应是不易变色的中性灰色。（　　）

10. D65 灯光完全等同于自然光。（　　）

四、简答题（5×6＝30 分）

1. 如何提高小样的重现性？

2. 如何提高浸染小样的匀染性？

3. 打样拼色应注意哪些原则？

4. 涤/棉混纺织物染完分散染料之后，一般采用什么方法烂棉才能对色？请简要说明烂棉的操作过程。

5. 简谈打样人员应具备哪些素质？

五、综合题（1×20＝20 分）

纯棉布打样，布重为 5g，染色浴比为 1：20，某颜色的工艺处方如下：

活性染料黄 M3RE	0.12％(o.w.f.)
活性染料红 M3BE	0.55％(o.w.f.)
活性染料蓝 M2GE	2.86％(o.w.f.)
元明粉	60g/L
纯碱	20g/L

（1）如将黄、红、蓝三种染料分别配制为 0.5g/L、5g/L、10g/L 的染料母液，请计算各染料应吸取多少毫升的母液？

（2）元明粉、纯碱各应称取多少克？

（3）还应加多少毫升水才能染色？

（4）加入元明粉、纯碱的操作应注意什么？

（5）请画出一条适合于此工艺的一浴两步法的染色工艺曲线。

染色小样工技能考核实践模拟题（一）

技能考核题目：根据所给的色样进行仿样，要求采用活性染料浸染的方法，在 240min 内完成。（要求打 A、B、C 三个色样）（总分 100 分）

标样（贴样）：（贴实样）

染料名称型号：活性染料中温型、高温型

染色方式：浸染

织物名称：纯棉半制品

染色设备：恒温水浴锅或振荡式染样机

一、制定工艺流程、工艺处方和工艺条件（10 分）

1. 处方的确定（染化料的名称、用量）

请在下表空白处填上各个处方所用的染料、助剂的名称和用量，并在其他的空白处填上适合的内容。

操作注意：第一次只允打一个样（A 样），水洗、皂洗、烘干后对色，同时调出两个不同的处方，然后再同时打 B、C 两个小样。打样结束后，将 A、B、C 三个样作好记号按顺序贴好，并把处方写在各自的下方。

打样织物重：＿＿＿g　　染色浴比：＿＿＿mL

	处方 A	处方 B	处方 C
染料一			
染料二			
染料三			
助剂一			
助剂二			
助剂三			

备注：染料的选择不能超过三只。

2. 请画出染色曲线（按常规工艺，要标明始染温度、染色温度和时间、固色温度和时间）。并写出皂洗工艺处方。

二、操作过程（40 分）

1. 染前准备工作

（1）按计算结果，准确称量。

（2）配制染料母液。

（3）吸取染液，配制染液，加入元明粉或食盐。

（4）润湿待染色织物。

2. 染色操作过程

（1）入布染色。

（2）搅拌。

（3）加纯碱固色。

（4）保温。

3. 染后处理

（1）水洗。

（2）皂洗。

（3）烘干。

4. 按 A、B、C 顺序贴样（布样大小为 15cm×15cm），并确定确认样。

三、产品质量（50 分）

色差评定：采用评定变色用灰色样卡及目测相结合，色差级数按 1～5 级评定。

1. 均匀度（20 分）

（1）正反面色差

（2）同面均匀度

2. 调色对样准确度（30 分）

与标样比对，评定色差。

染色小样工技能考核实践模拟题（二）

技能考核题目：根据所给的色样进行打版，要求采用活性染料轧染的方法，在 180min 内完成。（要求同时打三个色样）（总分 100 分）

标样（贴样）：（贴实样）

染料名称型号：活性染料或还原染料

织物名称：纯棉半制品

染色方式：轧染

染色设备：染色试样小轧车

一、制定工艺流程、工艺处方和工艺条件（10 分）

1. 处方的确定（染化料的名称、用量）

请在下表空白处填上各个处方所用的染料、助剂的名称和用量，并在其他的空白处填上适合的内容。

操作注意：第一次只允打一个样（A 样），水洗、皂洗、烘干后对色，同时调出两个不同的处方，然后再同时打 B、C 两个小样。打样结束后，将 A、B、C 三个样作好记号按顺序贴好，并把处方写在各自的下方。

打样织物重：_____g　　　配制染液：_____mL		
处方 A	处方 B	处方 C
染料一 染料二 染料三		
助剂一 助剂二 助剂三		

备注：染料的选择不能超过三只。

2. 工艺条件、工艺过程（按常规工艺，要标明主要操作步骤、温度和时间）

浸轧条件：

固色条件：

皂煮条件：

二、操作过程（40分）

1. 染前准备工作

（1）按计算结果，准确称量。

（2）配制染液。

（3）润湿待染色织物。

2. 染色操作过程（要求规范、准确，注意安全）

（1）浸轧染色液。

（2）汽蒸或焙烘固色。

3. 染后处理

（1）水洗。

（2）皂洗。

（3）烘干。

4. 按 A、B、C 顺序贴样（布样大小为 15cm×15cm），并确定确认样

三、产品质量（50分）

色差评定：采用评定变色用灰色样卡及目测相结合，色差级数按 1～5 级评定。

1. 均匀度（20分）

（1）正反面色差；

（2）同面均匀度。

2. 调色对样准确度（30分）

与标样比对，评定色差。

参 考 文 献

[1] 刘仁礼. 纤维素纤维制品染整. 北京：化学工业出版社，2011.

[2] 吴良华. 浅谈调色技术控制要点. 国际纺织导报，2010（7）.

[3] 白研华. 印刷色彩. 北京：印刷工业出版社，2009.

[4] 杨秀稳. 染色打样实训. 北京：中国纺织出版社，2009.

[5] 曾林泉. 印染配色仿样技术. 北京：化学工业出版社，2009.

[6] 张冀鄂等. 高职染整专业仿色打样技能培养的方法. 染整技术，2009（31）.

[7] 吴旭光. 纺织品染色的一些调色方法. 染整技术，2008（11）.

[8] 李赫. 活性染料轧染工艺分析和优选. 印染，2007（23）.

[9] 刘武辉等. 印刷色彩学. 北京：化学工业出版社，2007.

[10] 中国印染行业协会. 印染行业染化料配制工（印花）操作指南. 北京：中国纺织出版社，2007.

[11] 许云鹏. 色彩描述法模拟配色训练系统. CN011102000. 4.

[12] 苏伟伦. 最新染整助剂化验分析测试与应用标准实施手册. 北京：中国科技出版社，2006.

[13] 蔡苏英. 染整技术实验. 北京：中国纺织出版社，2005.

[14] 许朝晖. 印刷色彩. 北京：中国劳动社会保障出版社，2005.

[15] 林细姣. 染整试化验. 北京：中国纺织出版社，2005.

[16] 蔡秀平. 化验室仿色打样方法与技术要点. 上海丝绸，2005（3）.

[17] 陈英. 染整工艺实验教程. 北京：中国纺织出版社，2004.

[18] 杨静新. 染整工艺学：第二册. 北京：中国纺织出版社，2004.

[19] 蔡苏英. 染整工艺学：第三册. 北京：中国纺织出版社，2004.

[20] 余一鹗. 涂料印染技术. 北京：中国纺织出版社，2003.

[21] 朱世林. 纤维素纤维制品的染整. 北京：中国纺织出版社，2002.

[22] 罗巨涛. 合成纤维及混纺纤维制品染整. 北京：中国纺织出版社，2002.

[23] 南京大学《无机及分析化学实验》编写组. 无机及分析化学实验. 北京：高等教育出版社，1998.

[24] 言白等. 染色小样直接放大样重演性探讨. 针织工业，1995（3）.

[25] 上海市印染工业公司. 染料应用手册（合订本上、下册）. 北京：纺织工业出版社，1989.

[26] 刘泽久. 染整工艺学：第四册. 北京：纺织工业出版社，1985.

[27] 吴冠英. 染整工艺学：第三册. 北京：纺织工业出版社，1985.